高等学校智能科学与技术专业系列教材

边缘计算原理 与 JETSON 平台开发

陈 吉 赵飞扬 编著

西安电子科技大学出版社

内 容 简 介

本书介绍了边缘计算的起源、发展、现状以及边缘计算的应用，在此基础上介绍了与边缘计算结合紧密的 JETSON 硬件架构、软件资源及其平台，最后给出了 JETSON 平台的开发实战案例，具体包括 CPU 与 GPU 性能对比范例测试、图像分类、图像语义分割、遥感图像目标检测等。

本书内容由浅入深，叙述通俗易懂，不仅可以作为初学者的入门教程，而且可以作为高校人工智能相关专业实践环节的辅助教程。

（与本书相关的 JETSON 开发视频参见 https://space.bilibili.com/481374047。）

图书在版编目(CIP)数据

边缘计算原理与 JETSON 平台开发 /陈吉，赵飞扬编著. —西安：西安电子科技大学出版社，2022.7
ISBN 978–7–5606–6434–7

Ⅰ. ①边… Ⅱ. ①陈… ②赵… Ⅲ. ①无线电通信—移动通信—计算 Ⅳ. ①TN929.5

中国版本图书馆 CIP 数据核字(2022)第 066497 号

策　　划　　刘玉芳　刘统军
责任编辑　　刘玉芳
出版发行　　西安电子科技大学出版社(西安市太白南路 2 号)
电　　话　　(029)88202421　88201467　　　　邮　　编　710071
网　　址　　www.xduph.com　　　　　　　电子邮箱　xdupfxb001@163.com
经　　销　　新华书店
印刷单位　　咸阳华盛印务有限责任公司
版　　次　　2022 年 7 月第 1 版　　2022 年 7 月第 1 次印刷
开　　本　　787 毫米×1092 毫米　1/16　印张 10
字　　数　　179 千字
印　　数　　1～2000 册
定　　价　　29.00 元
ISBN 978–7–5606–6434–7 / TN

XDUP 6736001–1

*****如有印装问题可调换*****

序

　　随着 5G 技术的不断成熟与发展，实现人与人、人与物之间互联的互联网技术开始向实现万物互联，特别是物与物之间互联的方向发展，人类开始进入工业互联网时代。在工业互联网时代，每个设备都将成为整个运算架构的一分子。运算架构中不仅包括数据的生产者，也包括数据的消费者；但是，每个设备、每个过程产生数据的方式可能不同，大小也可能相异，格式更是多种多样。因此，如何处理大量的异构数据将是工业互联网时代急须解决的难题。另外，每个设备联网方式不一，无线网络和有线网络并存，甚至还有各种孤岛设备，因此如何确保不同的联网设备和孤岛设备能够实现实时数据交换，是工业互联网时代需要解决的另一个难题。更为关键的是，工业互联网时代的每个设备的数据或因安全问题，或因数据的实时性问题，需要在本地进行即时处理，否则可能会导致数据处理的滞后或生产数据的丢失。因此，在工业互联网时代，如何将"六流"(人员流、物料流、过程流、资金流、信息流、技术流）过程中所产生的异构数据同构化，并且进行实时安全的处理，是我们需要面对的挑战。其解决之道就是边缘计算。

　　边缘计算正处于快速发展和不断进化的过程中，因此，学术界、产业界等不同领域的同仁对边缘计算的理解会略有不同，但边缘计算的本质都是在靠近数据源的网络边缘某处就近提供服务。本书从边缘计算的演变和概念切入，让读者充分理解边缘计算并不是云计算简化版的边缘化部署，也不是为了颠覆云计算而横空出世的杀手级服务，它是为了让云计算能更加广泛地满足未来 5G 的发展和 AI 市场的需求而诞生的。本书从边缘计算的基础技术架构、软件架构、网络架构、存储架构等方面进行了深入浅出的阐述，详细说明了边缘计算的各种类型，让读者从理论上对边缘计算能有一个清晰的认识和理解。同时，本书将 NVIDIA 公司研发的 JETSON 设备作为载体，从 JETSON 平台硬件资源和软件资源的介绍到 JETSON 平台开发的环境检查、基础配置、资源功能测试等，再到最后的人工智能应用实战，深入研究了边缘计算在实战中的表现。本书由浅入深，一步步引导读者体会边缘计算在实际应用中的魅力。

王万钧

重庆正大软件集团董事长

2022 年 3 月

前　　言

随着万物互联的持续发展，移动互联网和物联网正在向高速、低延迟和高可靠性方向发展，边缘计算应运而生。在过去的几年中，边缘计算在学术界和产业界受到广泛热议，成为占据业界各大技术峰会、媒体、技术博客、论坛、热搜等的关键词。在边缘计算场景中，用户可以将设备上的任务卸载到附近的边缘云中进行处理，从而提供低延迟、高效的服务。边缘计算已经走在时代的风潮之上。

本书正是在这样的背景下编写的。为使本书内容尽可能达到学术理论全而广、工程案例精而深的目标，我们成立了专门的编写组。编写组成员均为重庆正大软件集团技术带头人和一线的软、硬件开发设计师，他们常年工作在工业互联网、通信网络和设备以及数据中心云服务架构设计领域，拥有丰富的理论和实践经验。

现阶段，边缘计算入门书籍多以介绍算法理论为主，涉及实践操作的很少，学生在实践过程中调试开发环境往往占据大段时间，甚至会因无法完成开发环境配置而放弃实践。本书根据新时期高等教育人才培养工作的需要以及实践教学能力培养的新要求，同时参照自动化专业、人工智能专业及智能无人系统专业的人才培养目标，从边缘计算原理开始介绍，以边缘计算领域典型应用开发为例，引导读者快速入门，快速完成开发环境配置。

本书共 5 章，从原理到实战，一步步引导读者快速入门边缘计算与 JETSON 平台开发。第 1 章对边缘计算进行了简单的概述，内容包括边缘计算发展历史、现状和崛起的契机，相关的前沿技术，业界对边缘计算的定义，以及边缘计算的研究和开发成果。第 2 章整合了与边缘计算相关的应用，如云计算、大数据、人工智能、5G 等前沿技术，以及智慧城市、自动驾驶、智能电网、智慧医疗、智慧工厂、智能家居等场景应用。第 3 章选取近年来应用最广的 GPU 嵌入式设备 JETSON 系列开发板作为边缘计算的实战平台，对其硬件资源和软件资源进行了详细介绍。第 4 章介绍了 JETSON 设备的开发基础，包括系统刷写、各项环境检查以及各种环境搭建。第 5 章为 JETSON 平台开发实战，包括平台自带的基本功能测试和经典人工智能测试，以及目前最新的人工智能算法实战。

本书第 1 章到第 3 章主要由陈吉博士撰写，第 4 章和第 5 章主要由赵飞扬老师撰写，参与本书编写的还有罗家璇、刘呈云、马丁、汤昌健等。

本书获重庆市教委科学技术研究项目（KJZD—K201901901）和重庆工程学院科研基金项目（2019gcky03）资助。

由于编者水平有限，书中可能还有不足之处，敬请读者批评指正。

作　者

2022 年 3 月

目　　录

第 1 章　边缘计算概述

随着物联网的兴起以及云服务的普及,边缘计算(Edge Computing)以一种新的计算模式出现在公众视野中。从 2014 年开始,"边缘计算"逐渐成为业界的热点话题,在边缘计算研究、标准定义等方面出现了百家争鸣的局面。进入 2017 年,逐渐趋同的边缘计算定义在各大学术会议和期刊中呈现,与此同时,边缘计算的工程开发和商业落地也拉开大幕。本章主要介绍边缘计算的发展历史、现状和崛起契机,相关的前沿技术,业界对边缘计算的定义以及边缘计算的研究和开发成果等内容。

1.1　边缘计算简介

对于边缘计算的定义,目前业界还没有统一的结论。美国太平洋西北国家实验室(Pacific Northwest National Laboratory,PNNL)将边缘计算定义为:一种把应用、数据和服务从中心节点向网络边缘拓展的方法,可以在数据源端进行分析和知识生成。ISO/IEC JTC1/SC38 对边缘计算给出的定义为:一种将主要处理和数据存储放在网络的边缘节点的分布式计算形式。边缘计算产业联盟对边缘计算的定义是:在靠近物或数据源头的网络边缘侧,融合网络、计算、存储、应用核心能力的开放平台,就近提供边缘智能服务,满足行业数字化在敏捷连接、实时业务、数据优化、应用智能、安全与隐私保护等方面的关键需求。边缘计算作为连接物理和数字世界的桥梁,实现了智能资产、智能网关、智能系统和智能服务。

边缘计算的不同定义表述虽然各有差异,但其内容实质已达共识:在靠近数据源的网络边缘某处就近提供服务。综合以上定义,边缘计算是指数据或任务能够在靠近数据源头的网络边缘侧进行计算和执行计算的一种新型服务模型,这种服务模型可以在网络边缘存储和处理数据,并与云计算协作,在数据源端提供智能服务。这里所说的网络边缘侧可以理解为从数据源到云计算中心之间搭载的,具有融合网络、计算、存储、应用核心能力的边缘计算平台的任意功能实体。

边缘计算采用分散式运算架构,将由网络中心节点处理的应用程序、数据资料与服务运算交由网络逻辑上的边缘节点处理。边缘计算对大型服务进行分解，将其切割成更小和更容易管理的部分，并把原本完全由中心节点处理的大型服务分散到边缘节点。这些边缘节点更接近用户终端装置，显著提高了数据处理速度与传送速度，降低了时延。边缘计算作为云计算模型的扩展和延伸，直面集中式云计算模型的发展短板，具有缓解网络带宽压力、增强服务响应能力、保护隐私数据等特征，起到了显著提升、改进新型业务应用的作用。在智慧城市、智能制造、智能交通、智能家居、智能零售以及视频监控系统等领域，边缘计算都扮演着先进的改革者形象，推动着传统的"云到端"向"云-边-端"的新兴计算架构演进。这种新兴计算架构无疑更匹配今天万物互联时代各种类型的智能业务。

1.1.1　基本结构

边缘计算中的"边缘"是一个相对的概念，通常指从数据源到云计算中心的数据路径之间的任意计算资源和网络资源。边缘计算允许终端设备将存储和计算任务迁移到网络边缘节点，如基站(Base Station，BS)、无线接入点(Wireless Access Point，WAP)、边缘服务器等，在满足终端设备计算能力扩展需求的同时，又能有效地节约计算任务在云服务器和终端设备之间的传输链路资源。图 1.1 所示为基于"云-边-端"协同的边缘计算基本架构。该架构由四层功能结构组成：核心基础设施、边缘计算中心、边缘网络和边缘设备。

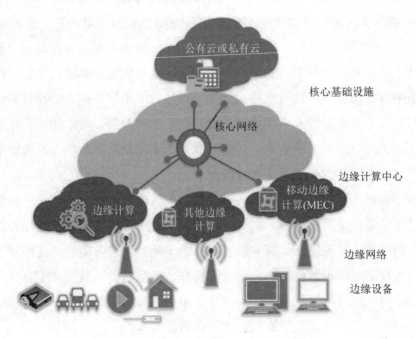

图 1.1　基于"云-边-端"协同的边缘计算基本架构

核心基础设施提供核心网络接入(如互联网、移动核心网络)和用于移动边缘设备的集中式云计算核心服务和管理功能。其中，核心网络主要包括互联网络、移动核心网络、集中式云服务和数据中心等；云计算核心服务通常包括基础设施即服务(Infrastructure as a Service，IaaS)、平台即服务(Platform as a Service，PaaS)和软件即服务(Softwarea sa Service，SaaS)三种服务模式。核心基础设施通过引入边缘计算架构，多个云服务提供商可同时为用户提供集中式的存储和计算服务，实现多层次的异构服务器部署，不仅能改善由集中式云业务大规模计算迁移带来的挑战，同时能为位于不同地理位置的用户提供实时服务和移动代理。

互联网厂商也把边缘计算中心称为边缘云。边缘计算中心主要提供计算、存储、网络转发资源，是整个"云-边-端"协同架构中的核心组件之一。边缘计算中心可搭载多种虚拟化基础设施，从第三方服务提供商到终端用户以及基础设施提供商，都可以使用边缘计算中心提供的虚拟化服务。多个边缘计算中心按分布式拓扑结构部署，各边缘计算中心在自主运行的同时又相互协作，并且与云端连接进行必要的交互。

边缘网络通过融合多种通信网络来实现物联网设备和传感器的互联。从无线网络到移动中心网络再到互联网络边缘计算设施，通过无线网络、数据中心网络和互联网实现了边缘设备、边缘服务器、核心设施之间的连接。在边缘网络中，所有类型的边缘设备不只扮演了数据消费者的角色，而且也作为数据生产者参与到边缘计算基本架构的所有四个功能结构层中。

1.1.2　基本特点和属性

1. 连接性

边缘计算是以连接性为基础的。由于所连接物理对象的多样性以及应用场景的多样性，要求边缘计算具备丰富的连接功能，如各种网络接口、网络协议、网络拓扑、网络部署与配置、网络管理与维护。此外，边缘计算的连接性在考虑与现有各种工业总线互联互通的同时，还需要充分借鉴吸收网络领域先进的研究成果，例如时间敏感型网络(Time Sensitive Network，TSN)、软件定义网络(Software Defined Network，SDN)、网络功能虚拟化(Network Functions Virtualization，NFV)、网络即服务(Network as a Service，NaaS)、无线局域网(Wireless Local Area Network，WLAN)、窄带物联网(Narrow Band Internet of Things，NB-IoT)和 5G 等。

2. 数据入口

作为物理世界到数字世界的桥梁，边缘计算是数据的第一入口。一方面，边缘计算通过拥有大量、实时、完整的数据，可基于数据全生命周期进行管理与价值创造，实现更好的支撑预测性维护、资产效率与管理等创新应用；另一方面，边缘计算也面临数据的实时性、不确定性、多样性等的挑战。

3. 约束性

边缘计算产品需要适配工业现场相对恶劣的工作条件与运行环境，如防电磁、防尘、防爆、抗振动、抗电流或电压波动等，因此，在工业互联场景下，对边缘计算设备的功耗、成本和空间有较高的要求。边缘计算产品需要通过软硬件集成与优化，以适配各种条件约束，支撑行业数字化多样性场景。

4. 分布性

边缘计算实际部署具备分布式特征，因而要求边缘计算具备支持分布式计算与存储、实现分布式资源的动态调度与统一管理、支撑分布式智能以及分布式安全等能力。

5. 融合性

运营技术(Operational Technology，OT)与信息技术(Information Technology，IT)的融合是行业数字化转型的重要基础。边缘计算作为"OICT"（Operation Information Communication Technology)融合与协同的关键承载，需要在连接、数据、管理、控制、应用、安全等方面协同。

6. 邻近性

由于边缘计算的部署非常靠近信息源，因此边缘计算特别适合于捕获和分析大数据中的关键信息。此外，边缘计算还可以直接访问设备，容易直接衍生特定的商业应用。

7. 低时延

由于移动边缘技术服务靠近终端设备或者直接在终端设备上运行，大大降低了时延，使得反馈更加快速，从而改善了用户体验，减少了网络拥塞。

8. 大带宽

由于边缘计算靠近信息源，可以在本地进行简单的数据处理，不必将所有数据或信息都上传至云端，从而使网络传输压力下降，减少网络堵塞，网络速率也因此大大提高。

9. 位置认知

当网络边缘是无线网络的一部分时，无论是 Wi-Fi 连接还是蜂窝连接，本地服务都可以利用相对较少的信息来确定每个连接设备的具体位置。

1.2　边缘计算发展史

本节将全面介绍边缘计算的起源、崛起的契机以及边缘计算的现状，包括边缘计算的各种模型及其特点、当前边缘计算的学术研究和商业用途等。

1.2.1　边缘计算的起源

20 世纪 90 年代，Akamai 公司首次定义了内容分发网络(Content Delivery Network，CDN)。这一事件被视为边缘计算的最早起源。在 CDN 中，提出在终端用户附近设立传输节点。这些节点可用于存储缓存的静态数据，如图像和视频等，而且允许参与并执行基本的计算任务。1997 年，计算机科学家 Brian Noble 成功地将边缘计算应用于移动技术的语音识别，两年后边缘计算又被成功地应用于延长手机电池的使用寿命，在当时这一过程被称为 "Cyber Foraging"(网上觅食)，它也是当前苹果 Siri 和谷歌语音识别工作原理的基础。1999 年，点对点计算(Peer to Peer Computing)出现，2006 年，亚马逊公司发布了 EC2(Elastic Compute Cloud)服务，从此云计算正式问世，并开始被各大企业纷纷采用。在 2009 年发布的 "移动计算汇总的基于虚拟机的 Cloudlets 案例" 中，详细介绍和分析了时延与云计算之间的端到端关系，提出了两级架构的概念：第一级是云计算基础设施，第二级是由分布式云元素构成的 Cloudlets。这一概念在很多方面成为现代边缘计算的理论基础。2013 年，"雾计算" 由 OpenFog 联盟正式提出，其中心思想是提升互联网可扩展性的分布式云计算基础设施。2014 年，欧洲电信标准协会(European Telecommunications Standards Institute，ETSI)成立移动边缘计算规范工作组，旨在推动边缘计算标准化，为了实现计算及存储资源的弹性利用，将云计算平台从移动核心网络内部迁移到移动接入边缘。2016 年，ETSI 提出把移动边缘计算(Mobile Edge Computing，MEC)的概念扩展为多接入边缘计算(Multi-Access Edge Computing)，将边缘计算从电信蜂窝网络进一步延伸至其他无线接入网络，如 Wi-Fi。自此，边缘计算成为一个可以运行在移动网络边缘的、执行特定任务计算的云服务器。

1. 分布式数据库

分布式数据库通常使用较小的计算机系统，每台计算机可以单独放置在不同的地点，不仅可以存储数据库管理系统的完整拷贝或部分拷贝，还可以具有自己的局部数据库，并能通过网络与位于不同地点的计算机互相连接，共同组成一个完整的、逻辑上集中、物理上分布的大型数据库系统。分布式数据库由一组数据构成，这组数据分布在不同的计算机上。这些计算机可以成为具有独立处理数据管理能力的网络节点执行局部应用(称为场地自治)，同时，也能通过网络通信子系统执行全局应用。

在集中式数据库计算基础上发展起来的分布式数据库，不仅要满足数据独立性、数据共享性和数据冗余度要求，还要满足数据全局一致性、可串行性和可恢复性等要求。

(1) 数据独立性。集中式数据库中数据独立性包括数据逻辑独立性和数据物理独立性两个方面，即用户程序与数据全局逻辑结构和数据存储结构无关。在分布式数据库中，还包括数据分布独立性，即数据分布透明性。数据分布透明性是指用户不必关心数据的逻辑分片、数据的物理位置分布、数据重复副本(冗余数据)的一致性以及局部场地上数据库支持哪种数据模型等问题。

(2) 数据共享性。数据库是多个用户的共享资源，为了保证数据库的安全性和完整性，在集中式数据库中，对共享数据库采取集中控制，同时配有数据库管理员负责监督、维护系统正常运行。在分布式数据库中，数据的共享有局部共享和全局共享两个层次，局部共享是指在局部数据库中存储局部场地各用户常用的共享数据，全局共享是指在分布式数据库的各个场地也同时存储其他场地用户常用的共享数据，用以支持系统全局应用。因此，分布式数据库对应的控制机构也具有集中和自治两个层次。

(3) 适当增加数据冗余度。尽量减少数据冗余度是集中式数据库的目标之一，因为冗余数据不仅浪费存储空间，而且容易造成各数据副本之间的不一致性。在集中式数据库中，不得不付出一定的维护代价来减少数据冗余度，以保证数据一致性和实现数据共享。相反，在分布式数据库中，却希望适当增加数据冗余度，即将同一数据的多个副本存储在不同的场地，以提升分布式数据系统的可靠性、可用性，即当某一场地出现故障时，系统可以对另一场地上的相同副本进行操作，以避免因为一处发生故障而造成整个系统的瘫痪。必要的冗余数据还可以提高分布式数据库的性能，即数据库通过选择离用户最近的数据副本进行操作，可以降低通信代价，提升系统整体性能。但是，冗余副本之间数据不一致的问题仍然是分布式数据库必须着力解决的问题。

(4) 数据全局一致性、可串行性和可恢复性。在分布式数据库中，各局部数据库不仅要达到集中式数据库的一致性、并发事务的可串行性和可恢复性要求，还要保证达到数据库的全局一致性、全局并发事务的可串行性和系统的全局可恢复性要求。

2. P2P 模型

对等网络(Peer to Peer，P2P)是一种新兴的通信模式，也称为对等连接或工作组。P2P 定义每个参与者都可以发起一个通信对话，具有同等的能力。在 P2P 上的每台计算机具有相同的功能，没有主从之分，没有专用服务器，也没有专用工作站，任何一台计算机既可以作为服务器，又可以作为工作站。图 1.2 所示为 P2P 拓扑。

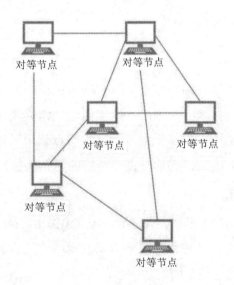

图 1.2　P2P 拓扑

除了 P2P 模型通信模式外，还有 Client/Server、Browser/Server 和 Slave/Master 等通信模式。当前企业局域网都采用 Client/Server、Browser/Server 模式，而早期的主机系统则采用 Slave/Master 模式。这些模式的共同特点是在网络中必须有应用服务器，并以应用为核心，通过应用服务器处理用户请求，完成用户之间的通信。而在 P2P 中，用户之间可以直接通信，共享资源，完成协同工作。P2P 可以在现有的网络基础上通过软件来实现，一组用户可以通过相同的互联软件进行联系，也可以直接访问其他同组成员硬件设备上的文件。

P2P 的特点包括非中心化、可扩展性、健壮性、高性价比及隐私保护。

(1) 非中心化。在所有节点上分散网络资源和网络服务，在节点之间进行信息传输和服务实现，不需要中间服务器的介入，以避免可能的数据处理瓶颈。

(2) 可扩展性。在 P2P 中，随着用户的不断加入和服务需求的不断增加，系统的整体资源和服务能力得以同步扩充和提高。新用户的加入可以提供服务和资源，更好地满足了网络中用户的需求，促进分布式体系的实现。

(3) 健壮性。耐攻击和高容错是 P2P 模型的两大优点。在以自组织方式建立的 P2P

中，允许节点自由地加入和离开。另外，不同的 P2P 可以采用不同的拓扑构造方式，并且拓扑结构可根据网络带宽、节点数、负载等变化不断进行自适应调整和优化。在 P2P 中，利用分散的各个节点完成服务可以大大降低部分节点或网络破坏的影响程度，即使部分节点或网络遭到破坏，对其他部分的影响也很小。

(4) 高性价比。由于互联网中散布大量普通节点，P2P 可以有效地利用这些节点完成计算任务或资料存储，利用互联网中闲置的计算能力、存储空间，实现高性能计算和海量存储的目的。

(5) 隐私保护。在 P2P 中，信息的传输并不需要经过某个集中环节而是在各个节点之间进行，这样大大降低了用户隐私信息被窃听和泄露的可能性。目前，匿名通信系统主要采用中继转发的技术方法来解决隐私问题，即将通信的参与者隐藏在众多的网络实体之中。而在 P2P 中，网络上的所有参与节点都可以提供中继转发功能，从而使匿名通信的灵活性大大提高，为用户提供更好的隐私保护。

3. 内容分发网络模型

内容分发网络(Content Delivery Network，CDN)提出在现有的 Internet 中添加一层新的网络架构，更接近用户，被称为网络边缘。网站的内容被发布到最接近用户的网络“边缘”，用户可以就近获取所需的内容，从而缓解 Internet 网络拥塞状况，提高用户访问网站的响应速度，从技术上全面解决由于网络带宽小、用户访问量大、网点分布不均等造成的网站响应速度慢的问题。CDN 拓扑和集中单点服务器拓扑对比如图 1.3 所示。

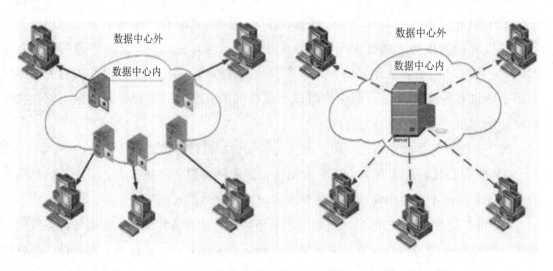

(a) CDN 拓扑　　　　　　　　　(b) 集中单点服务器拓扑

图 1.3　CDN 拓扑和集中单点服务器拓扑对比

从狭义角度讲，CDN 以一种新型的网络构建方式，在传统的 IP 网中作为特别优化的网络覆盖层实现了大宽带需求的内容分发和储存。从广义角度讲，CDN 是基于质量与秩序的网络服务模式的代表。CDN 作为一个策略性部署的整体系统需要具备 4 个要件：分布式存储、负载均衡、网络请求重定向和内容管理，其中内容管理和全局网络流量管理构成 CDN 的两大核心。CDN 基于用户就近原则和服务器负载管理，为用户请求提供极为高效的服务。其中，CDN 的内容服务是基于位于网络边缘的缓冲服务器实现的，即代理缓存，而代理缓存同时又是内容提供商源服务器的一个透明镜像。通常来讲，内容提供商源服务器位于 CDN 服务提供商的数据中心，以帮助 CDN 服务提供商代表其客户(即内容提供商)，为那些不能容忍有任何时延响应的最终用户提供尽可能好的用户体验。

目前，亚马逊和 Akamai 等公司都拥有比较成熟的 CDN 技术。国内的 CDN 技术也发展很快，不仅成功交付了期望的性能和用户体验，而且大大降低了提供商的组织运营压力。

近年来，主动内容分发网络(Active Content Distribution Networks，ACDN)以一种新的体系结构模型被提出。ACDN 不仅改进了传统的 CDN，而且还能根据需要将应用在各服务器之间进行复制和迁移，使得内容提供商不需要进行一些新算法的研究设计。

清华大学计算机视觉团队设计和实现的边缘视频 CDN 是中国学术界研究 CDN 优化技术的一个经典案例，他们提出通过数据驱动的方法组织边缘内容热点，基于请求预测服务器峰值转移的复制策略，实现了把内容从服务器复制到边缘计算热点上为用户提供服务。早期的"边缘"仅限于分布在世界各地的 CDN 缓存服务器，而现在的边缘计算早已超出了 CDN 的范畴，边缘计算模型的"边缘"已经从边缘节点进化到了从数据源到云计算中心路径之间的任意计算、存储和网络资源，边缘计算也从早期 CDN 中的静态内容分发到更加强调计算功能。

4. 移动边缘计算模型

移动边缘计算(Mobile Edge Computing，MEC)模型通过将传统电信蜂窝网络和互联网业务深度融合，无线网络的内在能力被成功发掘，大大降低了移动业务交付的端到端时延，进而提升了用户体验。这一概念不仅给电信运营商的运作模式带来全新变革，而且也促进了新型的产业链及网络生态圈的建立。经评估，将应用服务器部署到无线网络边缘，可节省现有的应用服务器和无线接入网络间的回程线路上高达 35%的带宽。目前越来越多的 IP 流量正在被游戏、视频和基于数据流的网页内容占据，这对移动网络提供更好的用户体验提出了更高的要求，而边缘云架构的使用可以使用户端体验的网络时延降低 50%。据 Gartner 公司报告，2020 年，全球联网的物联网设备高达 208 亿台，以图像识别为例，若增加服务器处理时间 50～100 ms，可将识别准确率提高 10%～20%。这等同于即使不改进现有的识别算法，仅应用移动边缘计算技术就可通过降低服务器与移动终端之间的传输时延达到提升图像识别效果的目的。

同时，依靠低时延、可编程性以及可扩展性等方面的优势，边缘计算正日益成为满足 5G 高标准要求的关键技术。MEC 将服务和缓存从中心网络迁移到网络边缘，不仅成功缓解了中心网络的拥塞，还因为边缘网络的就近性为用户请求提供了更高效的响应。

在众所周知的移动技术难点中，任务迁移是其中之一，而 LODCO 算法、分布式计算迁移、EPCO 算法和 LPCO 算法，以及 Actor 模型等优化算法的运用，使得任务迁移得以成功实现。因此，在今天，可以见到移动边缘计算在多种场景中的应用，如车联网、物联网网关、辅助计算、智能视频加速、移动大数据分析等。

通常，移动边缘终端设备被认为不具备计算能力，于是提出在移动边缘终端设备和云计算中心之间建立边缘服务器，将终端数据的计算任务放在边缘服务器上完成，而在移动边缘计算模型中，终端设备则具有较强的计算能力。由此可见，移动边缘计算模型是边缘计算模型的一种，非常类似边缘计算服务器的架构和层次。

1.2.2　边缘计算崛起的契机

从生态模式的角度看，边缘计算将是一种新的生态模式，它将网络、计算、存储、应用和智能等五类资源汇聚在网络边缘，用以提升网络服务性能，开放网络控制能力，进而促进类似于移动互联网的新模式、新生态的出现。边缘计算技术理念可以适用于固定互联网、移动通信网、消费物联网、工业互联网等不同场景，增强各自的网络架构，且与特定网络接入方式无关。相对于 2003 年 Akamai 与 IBM 公司在 WebSphere 服务器上合作提供基于边缘的服务的雏形模式，边缘计算引发的新一轮热潮是内因和外力联合推动的结果。内因是云计算的中心化能力在网络边缘存在诸多不足，外力是消费物联网发展迅速，数字经济与实体经济结合的需求旺盛。随着网络覆盖的扩大，带宽的增强，资费的下降，万物互联触发了新的数据生产模式和消费模式。同时，随着工业互联网的蓬勃兴起，要实现 IT 技术与 OT 技术的深度融合，就迫切需要在工厂内网络边缘处加强网络、数据、安全体系建设。

1. 云计算的不足

传统的云计算模式是在远程数据中心集中处理数据。由于物联网的发展和终端设备收集数据量的激增，产生了很多问题。首先，对于大规模边缘的多源异构数据处理要求，无法在集中式云计算线性增长的计算能力下得到满足。物联网的感知层数据处于海量级别，而且数据具有很强的冗余性、相关性、实时性和多源异构性，数据之间存在着频繁的冲突与合作。融合多源异构数据和实时处理要求，给云计算带来了无法解决的巨大难题。其次，数据在用户和云数据中心之间的长距离传输将导致高网络时延和计算资源浪费。云服务是一种聚合度很高的集中式服务计算，用户将数据发送到云端存储并处理，将消耗大量的网络带宽和计算资源。再次，大多数终端用户处于网络边缘，通常使用的是资源有限的移动设备，这些移动设备的存储和计算能力低且电池容量有限，所以有必要将一些不需要长距离传输到云数据中心的任务分摊到网络边缘端。最后，云计算中数据安全性和隐私保护在远程传输和外包机制中将面临很大的挑战，而使用边缘计算处理数据则可以降低隐私泄露的风险。以智能家居为例，不仅越来越多的家庭设备开始使用云计算来控制，而且还通过云计算实现家庭局域网内设备之间的互动。这使得过度依赖云平台的局域网设备出现以下问题：

(1) 一旦网络出现故障，即使家里仍然有电，设备也不能被很好地控制。例如，通过手机控制家里的设备，手机在外网需要通过透传来控制设备，在局域网内时，一般是直接控制设备。但如果是在智能单品之间实现联动，联动逻辑通常是在云上的，一旦发生网络故障，联动设备就很容易失控。

(2) 如果是通过云控制家里的设备，那么就需要定时检查云端的状态，而设备接受响应的时间，一方面取决于设备连接的网络速率，另一方面取决于云平台上设备检查状态的周期。这两方面使得响应时间不可控。

(3) 在很多智能家居方案中，没有局域网内的控制，所以也需要通过云服务来实现局域网内的设备联动。对于开关速度要求不高的空调、电视等产品，用户感受不到时延带来的不好的体验，但是对于灯光设备，即使是一点点的时延，用户也会立即感受到。

2. 万物互联时代的到来

2012 年 12 月，思科公司提出万物互联的概念，这是未来互联网连接以及物联网发展的全新网络连接架构。万物互联增加并完善了网络智能化处理功能以及安全功能，是在物联网基础上的新型互联的构建，它是以万物有芯片、万物有数据、万物有传感器、万物皆在线、万物有智慧为基础，产品、流程、服务各环节紧密相连，人、数据和设备之间自由沟通的全球化网络。在万物互联环境下，无处不在的感知、通信和嵌入式系统，赋予物体采集、计算、思考、协作和自组织、自优化、自决策的能力，高度灵活、人性化、数字化的生产与服务模式通过产品、机器、资源和人的有机联系得以实现。万物互联采用分布式架构计算和存储新型平台，融合以应用为中心的网络、全球范围内更大的带宽接入、以 IP 驱动的设备以及 IPv6，可成功连接互联网上高达数亿台的边缘终端和设备。相比"物"与"物"互联的物联网而言，万物互联的概念还增加了更高级别的"人"与"物"的互联，其突出的特点就是任何"物"都将具有更强的计算能力与感知能力，增强了语境感知的功能，将人与信息融合至互联网当中，在网络中形成数十亿甚至数万亿的连接节点。万物互联以物联网为基础，在互联网的"万物"之间实现融合、协同以及可视化的功能，增加网络智能。基于万物互联平台的应用服务往往需要更短的响应时间，同时也会产生大量涉及个人隐私的数据。比如，装载在无人驾驶汽车上的传感器和摄像头，如果实时捕捉路况信息，经计算，每秒大约会产生 1 GB 的数据。

根据互联网业务解决方案集团(Internet Business Solutions Group，IBSG)和思科全球云指数(GCI)的统计，2020 年连接到互联网上的设备超过 500 亿台，产生的数据超过 500 ZB。根据研究机构 IHS 的预测分析，到 2035 年，波音 787 每秒将产生约 5 GB 的数据，并且需要对这些数据进行实时处理；全球将有 5400 万辆无人驾驶汽车。截至 2017 年，中国用于打击犯罪的"天网"监控网络，已经在全国各地安装超过 2000 万个高清监控摄像头，实时监控和记录行人以及车辆。

3. 用户转型

在传统的云计算模式中，终端用户通常扮演的角色是数据消费者，例如通过网络浏览器观看视频，或查看文件，或浏览图像和管理系统中的文档。但是，随着终端用户从数据消费者到数据生产者和消费者的角色变化，终端用户也在边缘设备上生成物联网数据。例如，YouTube 网站用户每分钟上传近 100 h 的视频内容，Instagram 用户每分钟发布 243 万张照片。在这种情况下，在边缘端处理数据更为快速，可以改善用户体验。

4. 网络架构云化演进

通信运营商根据网络建设部署与运营经验，统一构建以 NFV、SDN、云计算为核心技术的网络基础设施，推进支撑网络的云化演进，匹配网络转型部署。NFV 将成为 5G 网络各网元的技术基础，以实现全云化部署。以数据中心(Data Center，DC)为中心的三级通信云 DC 布局，将在网络云化架构中被采用，通过在不同层级的分布式部署和构建边缘、本地、区域 DC，统一规划云化资源池，完成面向固网、物联网、移动网、企业专线等多种接入的统一承载和统一服务。

5. IT 技术与 OT 技术的深度融合驱动行业智能化发展

以大数据、机器学习、深度学习为代表的智能技术已经在语音识别、图像识别等方面得到应用，在模型、算法、架构等方面取得了较大进展。智能技术已率先在制造、电力、交通、医疗、电梯、物流、公共事业等行业应用，随着预测性维护、智能制造等新应用的演进，行业智能化势必驱动边缘计算发展。

随着智能制造战略的持续深化，制造业的智能化转型步伐正在明显加快，明显提升了制造企业对智能工厂的规划与实施需求。然而，在推动工厂智能化转型过程中，企业也正面临着严峻的挑战。其中，一个最为突出的问题就是制造企业该如何利用先进的 IT 技术来提高传统生产制造过程中的效率。打通 IT 与 OT(运营技术，主要是指自动化技术)之间的技术标准界限，实现 IT 与 OT 的深度融合是解决这一问题的最佳解决方案。目前，制造企业车间的自动化水平普遍不高，使用的自动化技术和工业设备比较陈旧，不同的设备用的是不同的总线标准，这不仅不利于实现车间设备的互联和数据采集，而且对推进智能工厂的改造和实施也带来诸多障碍。目前越来越多的企业意识到，必须打破异构的工业技术和总线标准，方能为深入推进智能制造的转型创造条件。因此，有越来越多的厂商正在致力于推进 IT 技术与 OT 技术的深度融合，以提供技术和方案的支撑。

1.2.3　边缘计算的现状

在满足未来万物互联的需求上，边缘计算的优点尤为突出，这也激发了国内外学术界和产业界的研究热情。产业界主要的三大阵营在边缘计算发展上各有优势：互联网企业试图将公有云服务能力扩展到边缘侧，希望以消费物联网为主要阵地；工业企业试图发挥自身工业网络连接和工业互联网平台服务的领域优势，以工业互联网为主要阵地；通信企业以边缘计算为契机，开放接入侧网络能力，挺进消费物联网和工业互联网阵地，希望盘活网络连接设备的价值。从 2016 开始，业界就从学术研究、标准化、产业联盟、商业化落地四个方向齐力推动边缘计算演进。

1. 学术研究

2016 年 10 月，电气与电子工程师协会(IEEE)和国际计算机学会(ACM)正式成立了 IEEE/ACM System Symposium on Edge Computing，组成了由学术界、产业界、政府(美国国家基金会)共同认可的学术论坛，对边缘计算的应用价值和研究方向展开了研究和探索。

2018 年 5 月，在 2018 边缘计算技术研讨会(SEC-China 2018)上，中国高校和研究机构互动研究讨论边缘计算，梳理国内开发者的需求。

2018 年 10 月，在 2018 边缘计算技术峰会上，中国通信学会和中国移动联合组织互联网界、工业界、电信界，共同探讨边缘计算产业生态的构建和协同发展。

2. 标准化

2017 年，国际电工委员会(IEC)发布了 VEI(Vertical Edge Intelligence)白皮书，介绍了边缘计算对制造业等垂直行业的重要价值。中国通信标准化委员会(CCSA)成立了工业互联网特设组(ST8)，并在其中开展了工业互联网边缘计算行业标准的制定工作。

2018 年，中国联通发布了《中国联通边缘业务平台架构及产业生态白皮书》。白皮书基于业务需求演进、无线和固网的网络演进以及云化技术的发展，介绍了中国联通边缘业务平台的架构和演进路标，以及边缘计算技术的标准化进展和产业链现状。阿里云和中国电子技术标准化研究院等发布了《边缘云计算技术及标准化白皮书(2018)》。白皮书指导边缘云计算相关标准的制定，引导边缘云计算技术和应用的发展。

2019 年，百度开启两大"首发"AI 边缘计算技术白皮书和边缘计算 Baidu OTE(Baidu Over The Edge)平台，并宣布将 Baidu OTE 边缘计算软件栈进行开源，面向 5G，从互联网公司角度出发，致力于多运营商边缘资源的统一接入，将业务服务扩展到边缘，推动业界"云-边-端"商业部署。

3. 产业联盟

2016 年 11 月，由华为、中国科学院沈阳自动化研究所、中国信息通信研究院、英特尔、ARM 等机构和公司联合发起的边缘计算产业联盟(Edge Computing Consortium，ECC)在北京正式成立。该联盟旨在搭建边缘计算产业合作平台，推动 OT 和信息与通信技术(ICT)产业开放协作，孵化行业应用最佳实践，促进边缘计算产业健康与可持续发展。

2017 年，全球性产业组织工业互联网联盟(IIC)成立 Edge Computing TG，定义边缘计算参考架构。

2018 年，由中国移动联合中国电信、中国联通、中国信息通信研究院和英特尔共同成立开放数据中心委员会，启动面向电信应用的开放 IT 基础设施项目(Open Telecom IT Infrastructure，OTII)，开启了电信领域边缘计算服务器标准和管理接口规范的制定工作。

2019 年，由百度、阿里巴巴、腾讯、中国信息通信研究院、中国移动、中国电信、华为和英特尔等机构和公司联合发起的开放数据中心委员会边缘计算工作组正式成立，以推动业界边缘计算商业开发部署。

4. 商业化落地

当今，边缘计算市场仍然处于初期发展阶段，主宰云计算市场的互联网公司(国外的亚马逊、谷歌、微软，国内的百度、腾讯、阿里巴巴等)、行业领域厂商(富士康工业互联网、小米等)正在成为边缘计算商业化落地的领先者。传统电信运营商在 5G 蓬勃发展的大环境中，借助软件定义网络和网络云化等技术，也发力于边缘计算商业化落地。亚马逊携 AWS Greengrass 进军边缘计算领域，走在了行业的前面。该服务将 AWS 扩展到设备上，除了可以同时使用云进行管理、分析数据和持久地存储外，还可以在本地处理它们生成的数据。微软公司在这一领域也有一些大动作：将在物联网领域进行大量投入，边缘计算项目是其中之一；发布了 Azure IoT Edge 解决方案，通过将云分析扩展到边缘设备以支持离线使用；另外，边缘的人工智能应用也是微软公司希望聚焦的领域。谷歌公司也不甘示弱，宣布了两款新产品，分别是硬件芯片 EdgeTPU 和软件堆栈 Cloud IoT Edge，旨在帮助改善边缘联网设备的开发。谷歌公司表示，依靠谷歌云强大的数据处理和机器学习能力，可以通过 Cloud IoT Edge 扩展到数十亿台边缘设备，如风力涡轮机、机器人手臂和石油钻塔，这些边缘设备对自身传感器产生的数据可进行实时操作，并在本地进行结果预测。

在新兴的边缘计算领域，还涌现出 Scale Computing、Vertiv、华为、富士通、惠普和诺基亚等商业化的开拓者，英特尔、戴尔、IBM、思科、惠普、微软、通用电气、AT&T 和 SAP SE 等公司也在投资布局边缘计算。例如，英特尔和戴尔公司均投资了一家为工商业物联网应用提供边缘智能的公司 Foghorn，戴尔同时还是物联网边缘平台 IoTech 的种子轮融资的参与者。惠普提出的 Edgeline Converged Edge Systems 的目标客户是那些通常在边远地区运营的工业合作伙伴，这些合作伙伴希望获得数据中心级的计算能力。在不依赖于将数据发送到云或数据中心的情况下，惠普公司承诺为工业运营(如工厂、铜矿或石油钻井平台)提供来自联网设备的监控管理。

目前，不断涌现和发展的物联网、5G 等新技术正推动着中国数字化转型的新一轮变革。为克服数据中心高能耗等一系列问题，边缘计算得到了越来越多的关注，在国内各行业的应用也日渐广泛。基于边缘计算的"云-边-端"架构如图 1.4 所示，远端的云端业务下沉延伸，前端的各行业万物互联的数据和应用上行扩展，加速推进了近端网络架构的演进和变革。

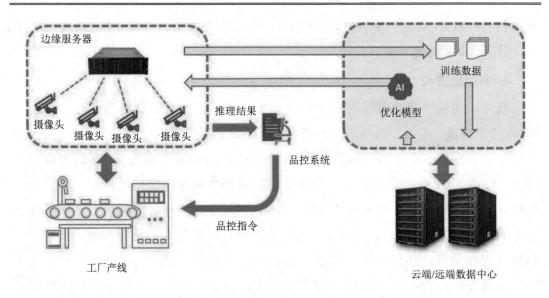

图 1.4　基于边缘计算的"云-边-端"示意图

在国内云服务提供商中，百度公司 2018 年发布"AI over Edge"智能边缘计算开发战略，与中国联通联合建立 5G 实验室，将智能云业务扩展到网络端，助力联通网络云化变革，加快边缘计算商业化落地速度。阿里巴巴近年来大力推进的智慧城市项目也是边缘计算商业化的典型案例。金山云借助传统 CDN 业务的优势，大力推进将 CDN 业务扩展到边缘，加速 CDN 业务云到边缘的全方位覆盖。

国内网络运营商在竞争激烈的市场中纷纷推进移动边缘计算的商业开发部署，以求获得高性能和低时延的服务。中国移动已领先在国内 10 个省、20 多个地市的现网上开展多种 MEC 应用试点。2018 年 1 月，中国移动浙江公司为进一步推动网络超低时延的更佳体验，宣布与华为公司联合率先布局 MEC 技术，打造未来人工智能网络。移动用户未来可以通过虚拟现实(VR)、增强现实(AR)、超清视频、移动云等技术获得极致的业务体验。2018 年 4 月，中国移动又提出运营商边缘计算的五大场景，分别为本地分流、vCDN、基于 MEC 和 IoT GW 的应用创新、第三方 API(Application Programming Interface)应用平滑移植和垂直行业服务。与此同时，中国电信与互联网 CDN 厂商开展合作，旨在通过 MEC 边缘 CDN 的部署延展现有的集中 CDN，为多网络用户提供服务。中国电信在探索 MEC 及工业边缘云的基础上，正式提出对边缘计算的三重关注：整体的 IDC/CDN 资源布局与业务规划、运营商网关/设备、基于 MEC 的业务平台及解决方案。

在互联网公司加速布局前端应用的同时，行业新型应用需求也在驱动边缘计算布局。在医疗行业，边缘计算可以解决许多矛盾，带来诸多好处：融合跨厂商、跨视频终端类型，实现远程视频会诊，与医疗业务系统集成化，云医疗视频核心化；无须修改接口，通过影像归档和通信系统(PACS)将影像文件存储到公有云OSS(Operation Support Systems)；避免医疗机构HIS(Hospital Information Systems)建设信息化投入不足，售后服务与系统升级跟不上医疗信息系统发展需求与扩展的问题；实现医疗信息系统中举证责任，电子病历、药方、支付等电子数据维护；快速搭建医生患者沟通平台；海量医疗数据的集中共享、区域协同，实现"基层首诊、双向转诊、急慢分治、上下联动"的分级诊疗服务模式。

在电力行业，布局智能电网，电站运营公司或者电站投资商需要对所有电站的发电及安全情况进行监控，保障收益；根据自身业务发展，选择自己的业务模块以及管理电站发电、收益等，边缘计算可以带来更快的响应，实现即时分析。

在生产制造行业中，富士康工业互联网加速工业 4.0 商业化步伐，近年来成为该行业边缘计算的领先者。在技术升级与发展中，富士康工业互联网成功将工业互联网、5G 网络与传统的电子制造业务结合起来，不断扩大电子设备智能制造，逐渐形成了一个高效、完善的全产业链的紧密互联体系。

在智慧交通中，电动汽车在行驶和充电过程中，边缘计算能使系统轻易地实时采集、存储、计算车辆数据和充电数据，满足电动汽车使用和监控管理需求。

在智慧家居中，通过边缘计算将不同类型的智能设备有机地连接起来，通过数据转换聚合和机器学习等高级分析方法进行自主决策和执行，并对日常生活中汇集的数据不断进行分析，从而演进自身的算法和执行策略，使得智能家居越来越智慧。同时，边缘计算也能够统一用户交互界面，以更及时和更友好的方式与用户交互。

1.3　边缘计算的优势

在实际应用中，边缘计算虽然可以独立部署，但大多数情况下还是与云计算协作部署。云计算适合非实时的数据处理分析、大量数据的长期保存、通过大数据技术进行商业决策等应用场景，而边缘计算在实时和短周期数据的处理与分析以及需要本地决策的场景下有着不可替代的作用。例如无人驾驶汽车、智能工厂等，都需要在边缘就能进行实时分析和决策，并保证在确定的时间内响应，否则将导致严重的后果。边缘计算具备一些云计算没有的优势，除低时延之外，还包括：

(1) 数据过滤和压缩。通过边缘计算节点的本地分析能力，可以大大降低需要上传的数据量，从而降低上传网络的带宽压力。

（2）环境感知能力。由于边缘计算节点可以访问无线网络，例如 Wi-Fi 热点、5G 的无线电单元(RRU)等，因此可以给边缘应用提供更多的信息，包括地理位置、订阅者 ID、流量信息和连接质量等，从而具备环境感知能力，为动态进行业务应用优化提供了基础。

（3）符合法规。边缘计算节点可以将敏感信息在边缘侧处理并终结，而不传输到公有云中，更符合隐私和数据定位信息等相关法律法规。

（4）网络安全性，可以通过边缘计算节点来保护云服务提供商的网络不受攻击。图 1.5 所示为边缘计算和云计算在数字安防中协同工作，网络摄像头在地理空间上分散部署，如果将所有视频流和相关元数据都上传到云端进行分析和存储，将消耗大量的网络带宽和成本。通过添加边缘计算节点网络硬盘录像机(NVR)，可以在网络边缘侧进行视频流的保存和分析，只将分析结果和感兴趣的视频数据上传到云端用于进一步分析和长期保存，大大降低了对网络带宽的要求以及由此产生的流量成本，同时也降低了响应时间，提高了服务质量。另外，由于边缘计算节点更靠近设备端，因此可以获得更多网络摄像头的位置等环境信息，为进一步提高边缘智能提供了基础。

图 1.5　边缘计算和云计算在数字安防中协同工作

第 2 章　边缘计算的应用

作为一种新型的服务模型，边缘计算将数据或任务放在靠近数据源头的网络边缘侧进行处理。网络边缘侧可以是从数据源到云计算中心之间的任意功能实体，搭载着融合网络、计算、存储、应用核心能力的边缘计算平台，为终端用户提供实时、动态和智能的服务计算。同时，数据就近处理的理念也为数据安全和隐私保护提供了更好的结构化支撑。

2.1　边缘计算与前沿技术

边缘计算模型的总体架构主要包括核心基础设施、边缘数据中心、边缘网络和边缘设备。从架构功能角度划分，边缘计算包括基础资源(计算、存储、网络)、边缘管理、边缘安全以及边缘计算业务应用，如图 2.1 所示。

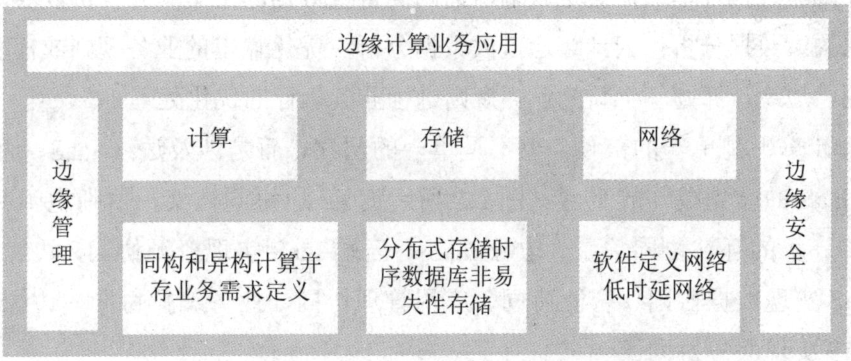

图 2.1　边缘计算功能划分模块

边缘计算的业务执行离不开通信网络的支持，边缘计算网络既要满足与控制相关业务传输时间的确定性和数据完整性，又要能够支持业务的灵活部署和实施，其中，时间敏感网络(TSN)和软件定义网络(SDN)技术是边缘计算网络部分的重要基础资源，异构计算支持是边缘计算模块的技术关键。随着物联网和人工智能的蓬勃发展，业务应用对计算能力提出了更高的要求。计算需要处理的数据种类也日趋多样化，边缘设备既要处理结构化数据，又要处理非结构化数据。因此，边缘计算架构不仅要解决不同指令集和不同芯片体系架构的计算单元协同起来的异构计算，满足不同业务应用的需求，同时还要实现性能、成本、功耗、可移植性等的优化均衡。

目前，业界以云服务提供商为典型案例，已经实现了部署云上 AI 模型训练和推理预测的功能服务，将推理预测放置于边缘计算工程应用的热点，既满足了实时性要求，又大幅度减少了占用云端资源的无效数据。边缘存储以时序数据库(包含数据的时间戳等信息)等分布式存储技术为支撑，按照时间序列存储完整的历史数据，需要提供支持记录物联网时序数据的快速写入、持久化、多维度的聚合等查询功能。本章首先介绍边缘计算与前沿技术的关联和融合，然后详细介绍边缘计算网络、存储、计算三大基础资源架构技术。

2.1.1　边缘计算与云计算

边缘计算的出现不是替代云计算，而是互补协同，也可以说边缘计算是云计算的一部分，两者分开单独来说都不完整，边缘计算和云计算的关系可以比喻为集团公司的地方办事处与集团总公司的关系。边缘计算与云计算各有所长，云计算擅长把握整体，聚焦非实时、长周期数据的大数据分析，能够在长周期维护、业务决策支撑等领域发挥优势；边缘计算则专注于局部，聚焦实时、短周期数据的分析，能更好地支撑本地业务的实时智能化处理与执行。云-边协同将提升边缘计算与云计算的应用价值：边缘计算既靠近执行单元，更是云端所需的高价值数据的采集单元，可以更好地支撑云端应用的大数据分析；云计算通过大数据分析，优化输出的业务规则或模型，下发到边缘侧，边缘计算则基于新的业务规则进行业务执行的优化处理。

边缘计算不是单一的部件，也不是单一的层次，而是涉及边缘 IaaS、边缘 PaaS和边缘 SaaS 的端到端开放平台。图 2.2 所示为云-边协同框架，清晰地阐明了云计算和边缘计算的互补协同关系。边缘 IaaS 与云端 IaaS 实现资源协同，边缘 PaaS 和云端 PaaS 实现数据协同、智能协同、应用管理协同、业务编排协同，边缘 SaaS 与云端 SaaS 实现服务协同。

2018 年年底，阿里云和中国电子技术标准化研究院等发布了《边缘云计算技术及标准化白皮书(2018)》，提出了边缘云的概念。现阶段被广为接受的云计算定义是 ISO/IEC 17788：2014《信息技术　云计算　概览与词汇》中给出的定义：云计算是一种将可伸缩、弹性地共享物理和虚拟资源池以按需自服务的方式供应和管理的模式。云计算模式由关键特征、云计算角色和活动、云能力类型和云服务类别、云部署模型、云计算共同关注点组成。

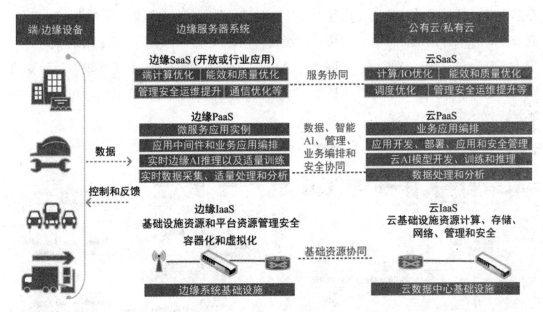

图 2.2　云-边协同框架

但是，目前对云计算的概念都是基于集中式的资源管控提出的，即使采用多个数据中心互联互通的形式，依然是将所有的软硬件资源视为统一的资源进行管理、调度和售卖。随着 5G、物联网时代的到来以及云计算应用的逐渐扩大，集中式的云已经无法满足终端侧"大连接、低时延、大带宽"的资源需求。结合边缘计算的概念，云计算将必然发展到下一个技术阶段：将云计算的能力拓展至距离终端更近的边缘侧，并通过"云-边-端"的统一管控实现云计算服务的下沉，提供端到端的云服务。边缘云计算的概念也随之产生。

《边缘云计算技术及标准化白皮书(2018)》把边缘云计算定义为：基于云计算技术的核心和边缘计算的能力，构筑在边缘基础设施之上的云计算平台。边缘云计算同时也是形成边缘位置的计算、网络、存储、安全等能力的，全面的弹性云平台，并与中心云和物联网终端形成"云-边-端三体协同"的端到端的技术架构。将网络转发、存储、计算、智能化数据分析等工作放在边缘处理，可以降低响应时延，减轻云端压力，降低带宽成本，并提供全网调度、算力分发等云服务。

边缘云计算的基础设施包括但不限于：分布式互联网数据中心(IDC)、运营商通信网络边缘基础设施、边缘侧客户节点(如边缘网关、家庭网关等)等边缘设备及其对应的网络环境。图 2.3 描述了中心云和边缘云协同的基本概念。边缘云作为中心云的延伸，将云的部分服务或者能力(包括但不限于存储、计算、网络、AI、大数据、安全等)扩展到边缘基础设施之上，中心云和边缘云相互配合，实现了中心-边缘协同、全网算力调度、全网统一管控等功能，真正实现了"无处不在"的云。边缘云计算在本质上是基于云计算技术的，为"万物互联"的终端提供低时延、自组织、可定义、可调度、高安全、标准开放的分布式云服务。边缘云可以最大限度地与中心云采用统一架构、统一接口，进行统一管理，从而降低用户开发成本和运维成本，真正实现将云计算的范畴拓展至距离产生数据源更近的地方，弥补传统架构的云计算在某些应用场景中的不足。

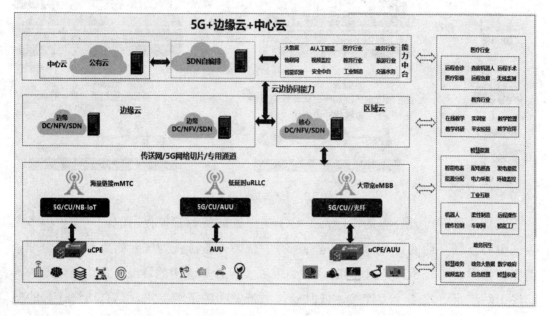

图 2.3　中心云和边缘云协同

根据所选择的边缘云计算基础设施的不同以及网络环境的差异，边缘云计算技术适用于以下场景：将云的计算能力延展到距离"万物"10 km 的位置，例如将服务覆盖到乡镇，街道级"10 km 范围圈"的计算场景。"物联网云计算平台"能够将云的计算能力延展到"万物"的身边，可称为"1 km 范围圈"，工厂、楼宇等都是这类覆盖的计算场景。除了网络能够覆盖到的"10 km 计算场景""1 km 计算场景"外，边缘云计算还可以在网络无法覆盖的地域，通常被称为"网络黑洞"的区域提供"边缘云计算服务"，例如"山海洞天"(深山、远海航船、矿井、飞机)等需要计算的场景。边缘云计算在需要的时候将处理的数据进行实时处理，联网之后再与中心云协同处理，具备网络低时延、支持海量数据访问、弹性基础设施等特点。首先，空间距离的缩短带来的好处不只是缩短了传输时延，还减少了复杂网络中各种路由转发和网络设备处理的时延；其次，由于网络链路被争抢的概率大大降低，能够明显降低整体时延。边缘云计算提升了传统云中心的分布式能力，在边缘侧部署部分业务逻辑并完成相关的数据处理，可以大大缓解将数据传回中心云的压力；边缘云计算还能提供基于边缘位置的计算、网络、存储等弹性虚拟化的能力，真正实现了"云-边协同"。

2.1.2　边缘计算与大数据

大数据是指无法在一定时间内用常规软件工具对其内容进行抓取、管理和处理的数据集合。大数据技术是指从各种类型的数据中快速获得有价值信息的能力。适用于大数据的技术包括大规模并行处理(MPP)数据库、数据挖掘网络、分布式文件系统、分布式数据库、云计算平台、互联网和可扩展的存储系统。大数据具有 4 个基本特征:

(1) 数据体量巨大。百度的统计资料表明,百度新首页导航每天需要提供的数据超过 1.5PB(1PB=1024TB),这些数据如果用 A4 纸打印出来,将超过 5000 亿张。还有资料证实,到目前为止,人类生产的所有印刷材料的数据量仅为 200PB。

(2) 数据类型多样。大数据类型不仅是文本形式,更多的是图片、视频、音频、地理位置信息等多种类型的数据,个性化数据占绝大多数。

(3) 数据处理速度快。大数据处理遵循"1 秒定律",可从各种类型的数据中快速获得高价值的信息。

(4) 数据价值密度低。以视频为例,在不间断的监控过程中,时长为一小时的视频中可能有用的数据仅有一两秒。

1. 大数据分析方法理论

如今,越来越多的应用涉及大数据,只有通过对大数据进行分析才能获取更多智能的、深入的、有价值的信息。大数据的属性如数量、速度、多样性等都呈现了大数据不断增长的复杂性,所以,大数据的分析方法在大数据领域就显得尤为重要,可以说是判断最终信息是否有价值的决定性因素。目前,大数据分析普遍采用的方法理论有:

(1) 可视化分析。大数据的使用者有大数据分析专家和普通用户,但是二者对大数据分析最基本的要求都是可视化分析。因为可视化分析能够直观地呈现大数据的特点,同时非常容易被读者接受,就如同看图说话一样简单明了。

(2) 数据挖掘算法。大数据分析的理论核心就是数据挖掘算法,基于不同的数据类型和格式才能更科学地呈现数据本身所具备的特点。也正是因为这些数据挖掘算法,才能深入数据内部,挖掘出公认的价值。另外,也正因为有了数据挖掘算法,才能更快速地处理大数据。

(3) 预测性分析。大数据分析最重要的应用领域之一是预测性分析。预测性分析是从大数据中挖掘出信息的特点与联系,通过科学地建立模型、导入新的数据来预测未来的数据。

(4) 语义引擎。非结构化数据的多元化给数据分析带来新的挑战,因此需要一套工具系统地分析和提炼数据。语义引擎需要具备人工智能，才能从数据中主动地提取信息。

(5) 数据质量和数据管理。大数据分析离不开高质量的数据和有效的数据管理，无论是在学术研究还是在商业应用领域，都能保证分析结果的真实性，体现出其价值。

2. 大数据处理方法

(1) 采集。大数据采集是指利用多个数据库接收客户端(Web、APP 或传感器等)的数据，并且用户可以利用这些数据库进行简单的查询和处理。例如，电商使用传统的关系数据库存储每一笔事务数据，其他用户也可能使用非关系数据库存储采集的数据。在大数据的采集过程中，其主要特点和挑战是并发数高，因为同时会有成千上万的用户进行访问和操作。例如，火车票售票网站和淘宝网，并发的访问量在峰值时达到上百万，需要在采集端部署大量数据库才能支撑。如何在这些数据库之间进行负载均衡和分片，需要深入思考和设计。

(2) 导入和预处理。虽然采集端本身会有很多数据库，但是如果要对这些海量数据进行有效的分析，需要将这些数据导入一个集中的大型分布式数据库，或者分布式存储集群中，并且在导入时做一些简单的数据清洗和预处理工作，也有一些用户在导入时使用 Twitter 的 Storm 对数据进行流式计算，以满足部分业务的实时计算需求。导入和预处理过程的特点和挑战主要是导入的数据量大，每秒的导入量经常会达到百兆甚至千兆级别。

(3) 统计分析。统计分析主要利用分布式数据库或分布式计算集群对海量数据进行分析和分类汇总等，以满足大多数常见的分析需求。一些实时性的需求会用到 EMC 的 GreenPlum、Oracle 的 Exadata，以及基于 MySQL 的列式存储数据库 Infobright 等，而一些批处理，或者基于半结构化数据的需求会使用 Hadoop 来满足。统计分析的主要特点和挑战是数据量大，会极大地占用系统资源，特别是 I/O。

(4) 挖掘。与统计分析过程不同的是，数据挖掘一般没有预先设定好的主题，主要是对现有数据基于各种算法进行计算，满足一些高级别数据分析的需求。比较典型的算法有用于聚类的 K-means、用于统计学习的 SVM 和用于分类的 NaiveBayes，使用的工具主要有 Hadoop 的 Mahout 等。数据挖掘的特点和挑战主要是数据挖掘算法很复杂，并且计算涉及的数据量和计算量都很大，而常用数据挖掘算法都以单线程为主。

现在，用户的大多数请求由大规模离线系统处理，云服务商也正开发新的技术以适应这种趋势。持续地大数据处理不仅缩短了磁盘的使用寿命，而且还会降低云服务器的整体工作寿命。例如，常规 Web 服务器硬件组件的使用寿命为 4～5 年，而与大数据相关的组件和云服务器的生命周期不超过 2 年，引入边缘计算可以帮助解决这个问题。在采集端将信息过滤，在边缘做预处理和统计分析，仅把有用的、待挖掘的信息提交给云端。基于云的大数据分析能力非常强大，给系统提供的有用信息越多，系统就越能提供更多、更准确的答案。例如，在零售环境中，面部识别系统收集的消费者画像统计数据可以添加更详细的信息，让商家不仅知道销售了什么，还知道谁在购买这些商品。此外，在制造过程中，测量温度、湿度和波动等信息的物联网传感器有助于构建运维配置信息，预测机器何时可能发生故障，以便提前维护。但是，在大多数情况下，物联网设备生成的数据数量并非所有数据都是有用的。以消费者画像统计信息为例，它基于公有云的系统，物联网摄像机必须先收集视频，再将其发送到中央服务器，然后提取必要的信息，而借助边缘计算，连接到摄像机的计算设备可直接提取消费者画像统计信息并将其发送到云中进行存储和处理，不仅大大减少了收集的数据量，而且还可以仅提取有用的信息。

边缘计算，在本地存储数据和计算不仅可以帮助减少噪声、过滤数据，还提供了一种负责任的、安全的方式来收集数据。例如，消费者画像统计信息案例中没有将私人视频或面部数据发送到服务器，而是仅仅发送有用的非个性化数据。大数据分析有两种主要的实现模式：数据建模和实时处理，数据建模有助于提供业务洞察和大局，实时处理得到的数据可让用户对当前发生的事情做出反应。边缘人工智能提供了最有价值的实时处理。例如在面部识别和消费者画像统计方面，零售商可以根据屏幕前客户对商品的喜好推断定制显示内容或者调整报价，吸引更多的消费者，从而提升该商品广告的关注度和购买转化率。传统的方式会将视频流发送到云进行处理，然后显示正确的商品，非常耗时，而边缘计算在本地就可以解码人物画像统计信息，在短时间内调整显示内容或商品报价。

2.1.3　边缘计算与人工智能

人工智能革命是从弱人工智能到强人工智能，最终达到超人工智能的过程。现在，人类已经掌握了弱人工智能。

2018 年 5 月，华为发布的《GIV2025：打开智能世界产业版图》白皮书也指出：到 2025 年，全球物联数量将达 1000 亿，全球智能终端数量将达 400 亿，边缘计算将提供 AI 能力，边缘智能成为智能设备的支撑体，人类将会被基于 ICT 网络、以人工智能为引擎的第四次技术革命带入一个万物感知、万物互联、万物智能的智能世界。

全球研究和预测机构 Gartner 认为，到 2023 年，IoT 将推动数字业务创新。2019

年有 142 亿个互联设备被使用，2021 年达到 250 亿个，这一过程产生了大量的数据，而人工智能将应用于各种物联网信息，包括视频、静止图像、语音、网络流量活动和传感器数据。因此，公司必须在物联网战略中建立一个充分利用 AI 工具和技能的企业组织。目前，大多数物联网端设备使用传统处理器芯片，但是传统的指令集和内存架构并不适合于端设备执行的所有任务。例如，深度神经网络(DNN)的性能通常受到内存带宽的限制，并不是受到处理能力的限制。

到 2023 年，预计新的专用芯片将降低运行 DNN 所需的功耗，并在低功耗物联网端点实现新的边缘架构和嵌入式 DNN 功能，以支持新功能，例如与传感器集成的数据分析，以及低成本电池供电设备中所设置的语音识别。Gartner 建议人们要注意这一趋势，因为支持嵌入式 AI 等功能的芯片将使企业能够开发出高度创新的产品和服务。

边缘计算可以加速实现人工智能就近服务于数据源或使用者。尽管目前企业不断将数据传送到云端进行处理，但随着边缘计算设备的逐渐应用，本地化管理会越来越普遍，企业上云的需求或将面临瓶颈。

由于人们需要实时地与其数字辅助设备进行交互，因此等待数千米(或数十千米)以外的数据中心进行处理是不可行的。以沃尔玛为例，沃尔玛零售应用程序将在本地处理来自商店相机或传感器网络的数据，因为云计算带来的数据时延，对沃尔玛来说代价太高了。

人工智能一方面仍旧面临优秀项目不足、场景落地缺乏的问题，另一方面，随着人工智能在边缘计算平台中的应用，加上边缘计算与物联网"云-边-端"协同推进应用落地，边缘智能将成为边缘计算新的形态，是打通物联网应用"最后 1 km"的有效工具。

1. 边缘智能应用领域

(1) 自动驾驶领域。在汽车行业，安全性是最重要的问题，而实时性是保证安全性的首要前提。由于网络终端机时延问题，云端计算无法保证实时性，因此车载终端计算平台是自动驾驶计算发展的未来。另外，随着电动化的发展，低功耗对于汽车行业来说变得越来越重要。天然能够满足实时性与低功耗的 ASIC (Application Specific Integrated Circuit)芯片将是车载计算平台未来的发展趋势。目前，地平线机器人与 Mobileye 是 OEM (Original Equipment Manufacturer)与 Tier1 的主要合作者。

(2) 安防、无人机领域。相比于传统视频监控，AI+视频监控最主要的变化是把被动监控变为主动分析与预警，解决了人工处理海量监控数据的问题。安防、无人机等终端设备对算力及成本有很高的要求，但随着图像识别与硬件技术的发展，在终端完成智能安防的条件日益成熟。目前，海康威视、大疆公司已经在智能摄像头上使用了 Movidious 的 Myriad 系列芯片。

(3) 消费电子领域。搭载麒麟 980 芯片的华为 Mate20 手机与同样嵌入 AI 芯片的 iPhone XS 将手机产业带入智能时代，而亚马逊的 Echo 则引爆了智能家居市场。对于包括手机、家居电子产品在内的消费电子行业，实现智能的前提是要解决功耗、安全隐私等问题。市场调研表明，搭载 ASIC 芯片的智能家电、智能手机、AR/VR 设备等智能消费电子产品已经处在爆发的前夜。

2. 边缘智能产业生态

目前，边缘智能产业生态架构已经形成，主要有三类玩家：

第一类：算法玩家。从算法切入，如提供计算机视觉算法、NLP (Natural Language Processing)算法等，典型的公司有商汤科技和旷视科技。2017 年 10 月，商汤科技同美国高通公司宣布将展开"算法+硬件"形式的合作，将商汤科技机器学习模型与算法整合到高通面向移动终端、IoT 设备的芯片产品中，为终端设备带来更优的边缘计算能力。而旷视科技为了满足实战场景中的不同需求，也在持续优化算法以适配边缘计算的要求。

第二类：终端玩家。从硬件切入，如提供手机、PC 等智能硬件。拥有众多终端设备的海康威视在安防领域深耕多年。海康威视是以视频为核心的物联网解决方案提供商，他们将边缘计算和云计算加以融合，更好地解决了物联网的现实问题。

第三类：算力玩家。从终端芯片切入，如开发用于边缘计算的 AI 芯片等。在边缘计算芯片领域，华为在 2018 年发布昇腾系列芯片——昇腾 310，是一款面向边缘计算的产品。国际上，谷歌云推出 TPU 的轻量级版本——Edge TPU 用于边缘计算，并开放给商家。亚马逊也在开发 AI 芯片，主要用来支持亚马逊的 Echo 及其他移动设备。

边缘智能需要企业同时具备终端设备、算法和芯片的能力。

2.1.4　边缘计算与 5G

5G 技术以"大容量、大带宽、大连接、低时延、低功耗"为诉求。联合国国际电信联盟电信标准组(ITU-R)对 5G 定义的关键指标包括：峰值吞吐率 10 Gb/s，时延 1 ms，连接数 100 万，移动速度 500 km/h。

(1) 高速度。相对于 4G，5G 要解决的第一个问题就是高速度，只有提升网络速度，用户体验与感受才会有较大提高，网络才能在面对 VR 和超高清业务时不受限制，对网络速度要求很高的业务才能被广泛推广和使用。与每一代通信技术一样，很难确切说出 5G 的速度到底是多少，因为峰值速度和用户的实际体验速度不一样，不同的技术在不同的时期速率也会不同。目前，对 5G 的基站峰值要求不低于 20 Gb/s，随着新技术的使用，还有提升的空间。

(2) 泛在网。随着业务的发展，网络业务需要无所不包，广泛存在，只有这样才能支持更加丰富的业务，才能在复杂的场景上使用。泛在网有两个层面的含义：广泛覆盖和纵深覆盖。广泛覆盖是指在社会生活的各个地方需要广覆盖。高山峡谷如果能覆盖 5G，则可以大量部署传感器，进行环境、空气质量监测，甚至地貌变化和地震的监测。纵深覆盖是指虽然已经有网络部署，但是需要进入更高品质的深度覆盖。5G 的到来，可把以前网络覆盖不到的卫生间、地下车库等环境都用 5G 网络广泛覆盖。在某一方面来说，泛在网比高速度还重要，因为只建一个少数地方覆盖、速度很高的网络，并不能保证 5G 服务与体验，而泛在网才是 5G 体验的一个根本保证。

(3) 低功耗。5G 要支持大规模物联网应用，就必须对功耗有要求。如果能把功耗降下来，让大部分物联网产品一周充一次电，甚至一个月充一次电，不仅能大大改善用户体验，还能促进物联网产品的快速普及。增强机器类通信(LTF enhanced MTC，EMTC)基于 LTE(Long Term Evolution)协议演进而来，为了更加适合物与物之间的通信，对 LTE 协议进行了裁剪和优化。eMTC 基于蜂窝网络进行部署，其用户设备通过支持 1.4 MHz 的射频和基带带宽，可以直接接入现有的 LTE 网络。eMTC 支持上下行最大 1 Mb/s 的峰值速率，可以支持丰富、创新的物联应用。而 NB-IoT 构建于蜂窝网络，只消耗大约 180 kHz 的带宽，可直接部署于 GSM 网络、UMTS 网络或 LTE 网络，以降低部署成本，实现平滑升级。

(4) 低时延。5G 的新场景是无人驾驶、工业自动化的高可靠连接。要满足低时延的要求，就需要在 5G 网络建构中找到各种办法来降低时延。边缘计算技术也会被用到 5G 的网络架构中。

(5) 万物互联。在传统通信中，终端是非常有限的，在固定电话时代，电话是以人群定义的，在手机时代，终端数量有了巨大爆发，手机是按个人应用定义的。而到了 5G 时代，终端不是按人来定义，因为每个人可能拥有数个终端，每个家庭也可能拥有数个终端。社会生活中大量的以前不可能联网的设备也会进行联网工作，更加智能。例如，井盖、电线杆、垃圾桶这些公共设施以前管理起来非常难，也很难做到智能化，而 5G 可以让这些设备都成为智能设备，利于管理。

(6) 重构安全。传统的互联网解决的是信息高速、无障碍传输，自由、开放、共享是互联网的基本要求。但是在 5G 基础上建立的是智能互联网，不仅要实现信息传输，还要建立一个社会和生活的新机制与新体系。智能互联网的基本要求是安全、管理、高效、方便。安全是 5G 之后的智能互联网第一位的要求,如果 5G 无法重新构建安全体系,那么会产生巨大的破坏力。在 5G 网络构建中,在底层就应该解决安全问题。从 5G 网络建设之初,就应该加入安全机制,信息应该加密,网络不应该完全开放,对于特殊的服务需要建立专门的安全机制。网络不是完全中立、公平的。如图 2.4 所示,在目前的网络架构中,首先,由于核心网的高位置部署传输时延比较高,不能满足超低时延业务需求;其次,业务完全在云端终结并非完全有效,尤其一些区域性业务不在本地终结,既浪费带宽,也增加时延。因此,时延指标和连接数指标决定了 5G 业务的终结点不可能全部在核心网后端的云平台,移动边缘计算正好契合该需求。移动边缘计算部署在边缘位置,边缘服务在终端设备上运行,反馈更迅速,从而解决了时延问题。

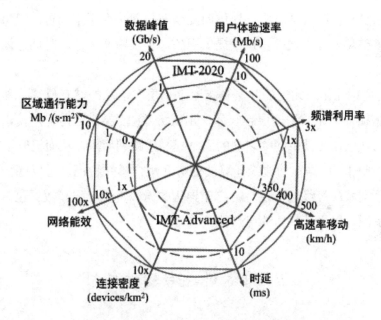

图 2.4　5G 网络架构需求驱动边缘计算发展

　　5G 三大应用场景之一的“低功耗大连接”,要求能够提供具备超千亿网络连接的支持能力,满足 100 万个/km² 的连接密度指标要求,在这样的海量数据以及高连接密度指标的要求下,保证低时延和低功耗是非常重要的。5G 甚至提出 1 ms 端到端时延的业务目标,以支持工业控制等业务的需求。要实现低时延及低功耗,需要大幅度降低空口传输时延,尽可能减少转发节点,缩短源到目的节点之间的“距离”。

　　目前的移动技术对时延优化并不充分,LTE 技术虽然可以将空口吞吐率提升 10 倍,但对端到端的时延只能优化 3 倍。其原因是大幅提升空口效率以后,网络架构并没有充分优化反而成了业务时延的瓶颈。LTE 网络虽然实现了 2 跳的扁平架构,但基站到核心网的距离往往是数百千米，途经多重会聚、转发设备，再加上不可预知的拥塞和抖动，根本无法实现低时延的保障。移动边缘计算部署在移动边缘，可以把无线网络和互联网技术有效地融合在一起，并在无线网络侧增加计算、存储、处理等功能，构建移动边缘云，提供信息技术服务环境和云计算能力。由于应用服务和内容部署在移动边缘，可以缩短数据传输中的转发时间和处理时间，降低端到端时延，满足低时延要求。特别是在网络拥堵严重影响移动视频观感的情况下，移动边缘计算是一个好的解决方法。

(1) 本地缓存。移动边缘计算服务器是一个靠近无线侧的存储器，可以事先将内容缓存至移动边缘计算服务器上。当有观看移动视频需求时，即用户发起内容请求，移动边缘计算服务器会立刻检查本地缓存中是否有用户请求的内容，如果有就直接提供服务；如果没有，则去网络服务提供商处获取，并缓存至本地再次提供服务。当其他用户还有该类需求时，就可以直接提供服务，不仅降低了请求时间，还解决了网络堵塞问题。

(2) 跨层视频优化。此处的跨层是指"上下层"信息的交互反馈。移动边缘计算服务器通过感知下层无线物理层吞吐率，由服务器(上层)决定为用户发送不同质量、不同清晰度的视频，在减少网络堵塞的同时提高线路利用率，从而提升用户体验。

(3) 用户感知。根据移动边缘计算的业务和用户感知特征，可以区分不同需求的客户，确定不同服务等级，实现对用户差异化的无线资源分配和数据包时延保证，合理分配网络资源，以提升整体的用户体验。

2.2　边缘计算与场景应用

边缘计算在智慧城市、自动驾驶、智能电网、智能医疗、智慧工厂和智能家电等领域大放光彩，可以说边缘计算几乎包括了生活中的各个方面。

2.2.1　边缘计算与智慧城市

智慧城市是指利用各种信息技术或创新理念，集成城市的组成系统和服务，以提升资源运用的效率，优化城市管理和服务，改善市民生活质量。智慧城市是把新一代信息技术充分应用在城市的各行各业中，支持社会下一代创新的城市信息化高级形态，实现了信息化、工业化与城镇化的深度融合，有助于缓解"大城市病"，提高城镇化质量，实现精细化和动态管理，提升城市管理成效，改善市民生活质量。智慧城市体系包括智慧物流体系、智慧制造体系、智慧贸易体系、智慧能源应用体系、智慧公共服务体系、智慧社会管理体系、智慧交通体系、智慧健康保障体系、智慧安居服务体系和智慧文化服务体系。

　　智慧城市中的应用一般属于本地覆盖类应用。智慧城市需要信息的全面感知、智能识别研判、全域整合和高效处置，其数据汇集热点包括地区、公安、交警等数据，运营商的通信类数据，互联网的社会群体数据，IoT 设备的感应类数据。智慧城市服务需要通过数据智能识别出各类事件，并根据数据相关性对事态进行预测；基于不同行业的业务规则，对事件风险进行研判；整合公安、交警、城管、公交等社会资源，对重大或者关联性事件进行全域资源联合调度；实现流程自动化和信息一体化，提高事件处置能力。在智慧城市的建设过程中，边缘云计算的价值同样巨大。如图 2.5 所示，智慧城市边缘云计算架构分为采集层、感知层和应用层。

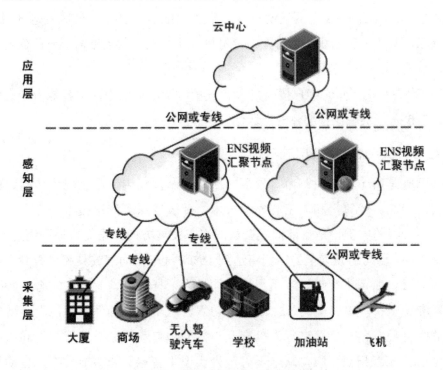

图 2.5　智慧城市边缘云计算架构

　　在采集层，海量监控摄像头采集原始视频并传输到就近的本地汇聚节点。在感知层，视频汇聚节点内置来自云端的视觉 AI 推理模型及参数，完成对原始视频流的汇聚和 AI 计算，提取结构化特征信息。在应用层，城市大脑可根据各个汇聚节点上报的特征信息，全面统筹规划形成决策，还可按需实时调取原始视频流。

　　这样的"云-边-端"三层架构的价值在于：

　　(1) 提供 AI 云服务能力。边缘视频汇聚节点对接本地的监控摄像头，可为各种功能不一的存量摄像头提供 AI 云服务能力。云端可以随时定义和调整针对原始视频的

AI 推理模型,可以支持更加丰富、可扩展的视觉 AI 应用。

(2) 视频传输稳定可靠。本地的监控摄像头到云中心的距离往往比较远,专网传输成本过高,而公网直接传输难以保证质量,而在"先汇聚后传输"的模型下,结合汇聚节点(CDN 网络)的链路优化能力,可以保证结构化数据和原始视频的传输效果。

(3) 节省带宽。在各类监控视频上云的应用中,网络链路成本不菲。智慧城市服务对原始视频有高清码率和 7×24 h 采集的需求,网络链路成本甚至占到总成本的 50%以上。与数据未经计算全量回传云端相比,在视频汇聚点进行 AI 计算可以节省 50%～80%的回源带宽,极大地降低成本。与用户自建汇聚节点相比,使用基于边缘云计算技术的边缘节点服务(ENS)作为视频汇聚节点更具有优势。

(4) 交付效率高。ENS 全网建设布局,覆盖 CDN 网络的每个地区及运营商,所提供的视频汇聚服务在各行业视频监控中都可以复用,在交付上不需要专门建设,可直接使用本地现有的节点资源。

(5) 运营成本低。允许客户按需购买、按量付费,提供弹性扩容能力,有助于用户降低首期投入,实现业务的轻资产运营。

2.2.2　边缘计算与自动驾驶

自动驾驶是新一轮科技革命背景下的新兴技术,集中运用了现代传感、信息与通信、自动控制、计算机和人工智能等技术,代表着未来汽车技术的方向,也是汽车产业转型升级的关键,是目前世界公认的汽车发展方向。据麦肯锡预测,2030 年售出的新车中,自动驾驶汽车的比例将达到 15%。汽车自动驾驶具有"智慧"和"能力"两层含义,所谓"智慧",是指汽车能像人一样智能地感知、综合、判断、推理、决断和记忆;所谓"能力",是指自动驾驶汽车能够确保"智慧"有效执行,可以实施主动控制,并能够进行人机交互与协同。自动驾驶是"智慧"和"能力"的有机结合,二者相辅相成,缺一不可。为实现"智慧"和"能力",自动驾驶技术一般应包括环境感知、决策规划和车辆控制三部分。

环境感知和决策规划对应自动驾驶系统的"智慧",而车辆控制则体现了其"能力"。为了实现 L4 级或 L5 级的自动驾驶,仅仅实现单车的"智慧"是不够的,如图 2.6 所示,不仅需要通过车联网 V2X 实现车辆与道路以及交通数据的全面感知,获取比单车的内外部传感器更多的信息,增强对非视距范围内环境的感知,还需要通过高清 3D 动态地图实时共享自动驾驶的位置。例如在雨雪、大雾等恶劣天气下,或在交叉路口、拐弯等场景下,雷达和摄像头无法清晰辨别前方障碍,就需要通过 V2X 来获取道路、行车等实时数据，实现智能预测路况，避免意外事故的发生。

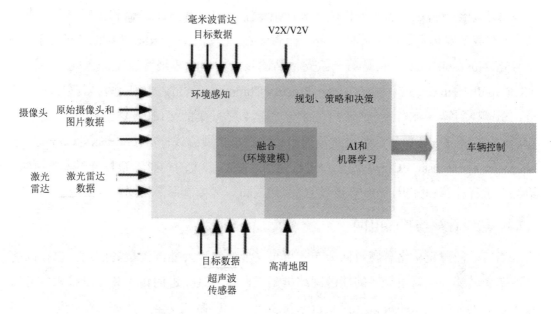

图 2.6　自动驾驶结合 V2X 进行感知、规划和控制

百度自动驾驶方案主要指于 2017 年 4 月正式发布和开放的 Apollo 平台。2018
年 7 月 4 日，在百度 AI 开发者大会上，百度发布了产品级的 Apollo 3.0，并发布全
球首款 L4 级量产园区自动驾驶巴士——阿波龙。Apollo 3.0 开放平台架构如图 2.7
所示。

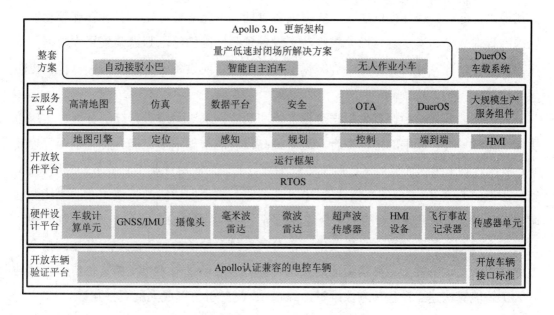

图 2.7　Apollo 3.0 开放平台架构

车载计算单元硬件架构包括经过验证的车载计算单元、GNSS/IMU、摄像头、毫米波雷达、微波雷达、超声波传感器、HMI 设备、飞行事故记录器和传感器单元等。其中,车载计算单元是整个硬件平台的计算核心,主要指基于 x86 架构的工业计算机,型号是 Nuvo-6018GC,它是第一款支持高端显卡的工业等级宽温型嵌入式工控机。ASU(Apollo Sensor Unit)与 IPC(Inter-Process Communication)一起工作,实现传感器融合、车辆控制等。ASU 系统提供了各种传感器数据采集的接口,包括摄像头、雷达和超声波传感器等。ASU 与 IPC 通过高速串行计算机扩展总线标准(Peripheral Component Interconnect express,PCIe)总线接口进行通信,ASU 采集的传感器数据通过 PCIe 传送给 IPC 进行计算和分析,而 IPC 通过 CAN 协议将车辆控制命令发送给 ASU 控制车辆。

2.2.3　边缘计算与智能电网

当前,能源正从化石燃料向分布式可再生能源转移,能源消费者的角色也在向能源产销者转移。在新型灵活的能源网络框架下,需通过先进的传感和测量技术、通信技术、数据分析技术和决策支持系统来实现电网的可靠、安全、经济、高效运行。目前,智能电网已部署了大量的智能电表和监测设备,其数据结构复杂,种类繁多,除传统的结构化数据外,还包含大量的半结构化、非结构化数据。在智能电网中引入边缘计算的主要原因:能源的发、储、配、用对数据实时性要求高,能源电力系统数据规模呈指数级的增长,这些对通信和网络存储而言是极大的考验。

为了解决上述问题,在电力设备终端或边缘侧,对智能电表、检测设备采集的数据就地进行分析处理并提供决策,实现设备管理、单元能效优化、台区管理等功能,以提高管理效率和满足实时性要求;对于设备预测性维护等,则需要采用大数据技术在云端进行处理、分析和训练。训练模型可在边缘智能设备中定期更新,以提供更精准的决策。

在指挥能源系统中,首先根据数据需求和功能需求对系统进行分层分区,实现边缘端、边缘集群和云端的协同配合,最终提高设备的管理水平,提升综合能源管理效率;其次,利用边缘计算技术,产生更快的服务响应,满足行业实时业务、应用智能、安全等方面的需求。类似的案例还有 2018 年腾讯云携手朋迈能源科技发布的"能源物联平台",以及基于该平台的"综合能源服务平台"。如图 2.8 所示,"能源物联网"作为整个综合能源服务平台最重要的一部分,发挥着能源数据上送和设备控制指令下发的作用。而这些能力最终需要应用在综合能源服务场景中才能发挥其价值,包括结合人工智能算法建立设备预测性维护,结合 3D 交互引擎形成大屏可视化等。

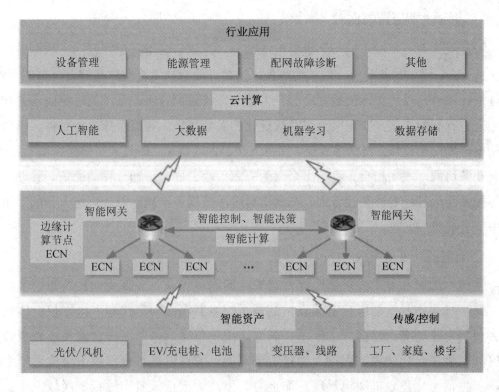

图 2.8　能源物联网解决方案总体架构

　　"综合能源服务平台"将为商业地产以及产业园区搭建"智慧型能管中心",提供设备用能评估、可视化监控中心、电能质量管理、设备节能控制、用能计划管理、配电设备预测性分析等一系列服务,在提升能源资源运营效率的同时,实现综合成本的下降。"综合能源服务平台"主要包括五大系统服务:

　　(1) 购售电应用系统。可适配多个交易中心规则,按需购买应用模块。

　　(2) 环境及能耗监测系统。可提供大屏解决方案,实现多表计的数据统一采集,提供本地化通信方案。

　　(3) 智能用电监测系统。24 小时在线监测、可视化监测运维中心。

　　(4) 分布式能源监测系统。可提供不同配电设备的监测运维功能,实现数据可视化以及运维所需要的辅助决策功能。

　　(5) 智能计量采集结算系统。提供多能采集和微信支付功能。

　　智能电网技术在电力生产、配电和消费部门得到广泛应用。由于对可再生能源以及能源管理的需要,在电力消耗方面出现了许多新的要求。朋迈的新边缘服务器平台在管理功耗部分包括了功耗管理所需的一切——从微电网到包括各种再生电源的智能城市,以及由此产生的本地负载平衡。

2.2.4　边缘计算与智慧医疗

　　智慧医疗是智慧城市的一个重要组成部分，是综合应用医疗物联网、数据融合传输交换、云计算、边缘计算、城域网等技术，通过信息技术将医疗基础设施与 IT 基础设施进行融合，以"医疗云数据中心"为核心，跨越原有医疗系统的时空限制并在此基础上进行智能决策，实现医疗服务最优化的医疗体系。智慧医疗是将个体、器械、机构整合为一个整体，将病患人员、医务人员、保险公司、研究人员等紧密联系起来，实现业务协同，增加社会、机构、个人的三重效益。同时，通过移动通信、移动互联网等技术将远程挂号、在线咨询、在线支付等医疗服务推送到每个病患人员的手中，缓解"看病难"问题。

1. 智慧医疗发展情况

　　目前，国家高度重视智慧医疗。首先，国家多机关、多部委先后发布了多项政策文件，加强指导智慧医疗的建设。智慧医疗以其医疗信息化和"医养护一体化"为主要特点推动着医疗模式的改革。其次，卫生信息三级网络平台建设卓有成效。在区域卫生信息化建设方面，大力推进国家级、省级、区域级三级卫生信息平台建设，卫生信息化建设框架已显现。如上海、浙江、云南等省市进行了区域卫生信息化试点工作，部分地区已经实现省级卫生信息化管理平台的建设。最后，医院信息管理系统日臻完善。在医院的信息系统建设方面，为实现更便捷的互联互通、资源共享，大部分三甲医院已建立医院信息管理系统，县级公立医院基本建立了自己的医院信息管理系统，部分发达乡镇医院也拥有了医院信息管理系统。图 2.9 所示为智慧医疗未来的发展方向。

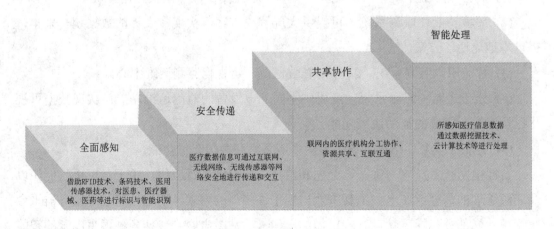

图 2.9　智慧医疗未来发展方向

2. 边缘计算加速智慧医疗落地

通过边缘计算，将不同类型的智能设备有机地连接起来，通过数据转换聚合和机器学习等高级分析方法进行自主决策和执行，并对日常诊断中汇集的数据不断分析，使得智慧医疗越来越智慧。边缘计算用于智慧医疗需要解决的问题包括：

(1) 连接的海量与异构。网络是系统互联与数据采集传输的基石，如何兼容多种连接并且确保连接的实时可靠是必须解决的现实问题。

(2) 业务的实时性。医疗系统检测、控制、执行，新兴的 VR/AR 等应用的实时性高，部分场景实时性要求在 10 ms 以内甚至更低。

3. 边缘计算在智慧医疗中的应用场景

图 2.10 展示了一体化医疗应用场景。中心云和边缘云将协同作用接管各类 IoT 设备作为数据来源，并服务于医院各模块的所有业务，同时向上支持大数据应用，包括临床数据分析、影像辅助诊断等，提升医疗诊断的正确性，促进医疗成果的转化。

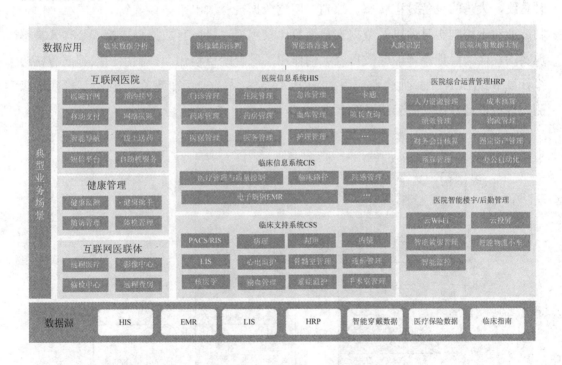

图 2.10 一体化医疗应用场景

2.2.5 边缘计算与智慧工厂

面对全球化的市场竞争格局和互联网消费文化的兴起，制造业不仅需要对产品、生产技术甚至业务模式进行创新，以客户需求和市场需求推动生产，而且还需要提升企业的业务经营和生产管理水平，优化生产运营，提高效率和绩效，降低成本，保障可持续性发展，以应对日新月异的市场变革，包括市场对大规模、小批量、个性定制化生产的需求。

在这种背景下，智能制造成为企业必不可少的应对策略和手段。制造生产环境的数字化与信息化，以及在其基础上对生产制造做进一步的优化升级，则是实现智能制造的必由之路。

在过去的十多年里，被广泛接纳的 ISA-95 垂直分层的五层自动化金字塔一直用于定义制造业的软件架构。在这个架构中，ERP 系统(生产管理系统)处于顶层，MES 系统(面向制造企业车间执行层的生产信息化管理系统)紧接其下，SCADA 系统(数据采集与监视控制系统)处于中层，PLC(可编程控制器)和 DCS 系统(集散控制系统)置之其下，而实际的输入/输出信号则在底部。随着智能制造的发展，工业自动化和信息化、OT 和 IT 不断融合，制造业的系统和软件架构也发生了变化。如图 2.11 所示，传统的设备控制层具备了智能，它能够进行数据采集和初步的数据处理，同时通过标准的实时总线，大量的设备过程状态、控制、监测数据被释放出来，接入到上一层级。由于制造业对于控制实时性以及数据安全性等比较重视，将所有数据直接接入公有云是不现实的，而边缘计算却能够发挥巨大的作用，融合的自动化和控制层一般都部署在边缘计算节点(ECN)上，而企业应用如 ERP、WMS 系统(仓库管理系统)可以运行在边缘侧，也可以运行在私有云或公有云上。

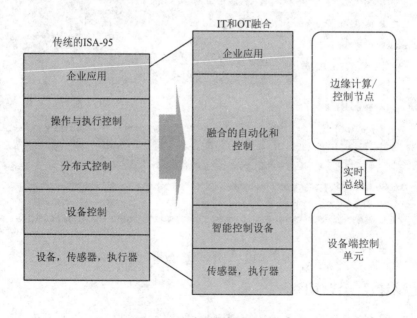

图 2.11　智能制造系统架构

对于智能工厂而言，设备的连接是基础，数据收集和分析是关键手段，而把通过分析得到的信息用于做出最佳化的决策、优化生产和运营是最终的目的。因此，实现

数据的管理和分析在这个优化过程中至关重要。边缘计算的技术和架构在智能制造中的发展中一般需要经历三个阶段:

(1) 连接未连接的设备。目前,在制造业企业内存在大量独立的棕地设备,这些设备每天产生 TB 级的数据。但由于来自不同的供应商且协议接口互不兼容,导致无法采集这些设备数据并进行处理,也就不能释放这些数据的价值,如预防性维护、整体设备利用率分析(OEE)。因此,将工厂内大量存在的棕地设备通过协议转换为标准的协议和信息模型,以便接入 SCADA、MES 系统,或接入边缘计算节点,进一步进行数据处理或缓存非常重要。

(2) 智慧边缘计算。通过本地设备的互联和协议转换,大量制造数据被释放出来,为引入大数据和机器学习等先进的分析算法提供了充足的数据源。这些分析算法运行在边缘计算节点上,为设备带来了智慧。例如,产品缺陷检测的深度学习模型通过大量标注数据训练出来,下发部署在 ECN 上。当接收到新的数据时,边缘计算节点会自动运行这个检测算法,准确判断出产品是否有缺陷,在提高生产效率的同时,也降低了人工成本。

(3) 自主系统。在这个阶段,ECN 不仅具有智慧分析能力,还能做出决策并实施闭环控制,也能通过训练自主学习和升级算法,并根据数据来源或生产场景,自动调整运行代码或算法。边缘计算节点的实际部署应是分布性的,把低时延、可靠性高的流式数据分析部署在靠近生产现场的边缘端,也就是把分析功能部署在靠近数据源、靠近决策点的位置,而把计算强度高和储存量大但对时延和可靠性要求不太严格的批量分析部署在企业机房。

2.2.6 　 边缘计算与智能家居

随着生活水平的提高,人们对家庭生活的安全性、便捷性以及娱乐性等也提出了更高的要求。传统的家庭生活以模拟数字电视为中心,而现在各种智能化的设备出现在家庭生活中,例如各种无线传感器、智能路由器网关、娱乐游戏主机、4K 数字电视和盒子和智能家电等,满足了人们对智能家居的部分需求。但由于这些智能设备来自不同厂商,协议、服务接口和人机界面等都不统一,数据无法相互流动,从而限制了它的应用场景,给用户带来了麻烦,最终可能导致用户舍弃。

为了能够实现真正的智能家居,需要加入边缘计算。通过边缘计算能够将不同类型的智能设备有机地连接起来,通过数据转换聚合和机器学习等高级分析方法进行自主决策和执行,并对在日常生活中汇集的数据不断分析,从而演进自身的算法和执行策略,使得智能家居越来越智慧。边缘计算同时也能够统一用户交互界面,以更及时和友好的方式与用户进行交互。智能家居应用场景如下：

1. 安全监控

安全监控设备包括智能网络摄像头、智能猫眼和智能门锁等。例如，智能网络摄像头能够通过人脸或特征识别功能来识别危险、拉响警报或提示家庭主人，并能够与本地或云端存储和应用服务接口，这样家庭主人也能够在离家时实时得知家庭情况。

2. 智慧能源和照明

包括智能门窗、智能灯泡和恒温器。智能恒温器的代表是 Nest 恒温器，它是一款学习型的恒温器，内置多种传感器，可以不间断监控室内的温度、湿度、光线以及周围的环境变化。它还可以判断房间是否有人，并以此决定是否开启温度调节设备。由于它具备学习能力，每次在某个时间设定了温度它都会记录一次，经过一周的时间，它就能够学习和记住用户的日常作息习惯和温度喜好，并利用算法自动生成一个调节方案。只要你的生活习惯没有发生变化，就无须再手动设置恒温器。

3. 家庭娱乐

家庭娱乐包括智能电视、PC 和手机游戏、虚拟现实以及各种游戏终端等。对于家庭娱乐，一方面需要提高网络带宽，降低传输时延，提高用户体验，特别是对于 VR、网络游戏、2K 蓝光或 4K 超高清多媒体内容的播放等；另一方面需要管理和存储家庭多媒体内容，并能够方便无缝地在各种家庭终端设备上进行显示和播放。

4. 智慧健康

智慧健康是指实现对家庭成员的健康不间断监测，协助进行健康分析和判断，同时与家庭或社区医院进行信息同步或通信，例如老人或小孩看护等。

5. 智能家电

例如智能冰箱，在某种食材不足的时候能够自动识别，并及时通知家庭主人或实现自动下单补给。

根据对智能家居需求量最大且应用最为广泛的美国家庭的统计结果，目前家庭对于安全监控、智慧能源和照明、智慧娱乐这三大应用场景的需求量是最大的。

第 3 章　JETSON 嵌入式平台

NVIDIA JETSON 嵌入式平台(简称 JETSON 平台)提供的性能可提高自主机器软件的运行速度，而且功耗更低。JETSON 平台的每个系统都是一个完备的模块化系统(SOM)，具备 CPU、GPU、电源管理集成芯片(Power Management Integrated Circuit，PMIC)、动态随机存储器(Dynamic Random Access Memory，DRAM)和闪存，可节省开发时间和资金。JETSON 平台还具备可扩展性，用户只需要选择适合应用场合的 SOM，就能构建自定义系统，满足特定的应用需求。

JETSON 平台的系列产品并不是入手即可使用的，还需要进行系统刷写，而刷写后的平台操作系统也不是常用的 Windows 系统，是 Linux 系统的一个发行版。这对于初学者来说存在一定的操作门槛。本章从 JETSON 平台系列产品的简介入手，对 Linux 系统的常用操作命令以及不同型号开发板的系统刷写都作了详细的介绍，以帮助初学者快速掌握相应知识。

3.1　JETSON 平台简介

2015 年 11 月，NVIDIA 嵌入式开发板家族迎来了第一个成员——JETSON TX1，其设计紧凑的、只有 50 mm × 90 mm 的 JETSON TX 核心板包含了 NVIDIA Tegra X1 core、板载 Wi-Fi 和 Bluetooth、带风扇的散热片和工业连接器。JETSON TX1 开发模组旨在针对机器人、无人机等的应用，其核心模组和开发人员套件外形如图 3.1 所示。

图 3.1　JETSON TX1 的核心模组和开发人员套件外形

2017 年 3 月，JETSON TX1 的升级版 JETSON TX2 问世。JETSON TX1 的配置是 Tegra X1+4 GB LPDDR4，GPU 是拥有 256 个 CUDA 核心的 NVIDIA Maxwell 架构，而 JETSON TX2 则升级为 Tegra Parker 处理器，CPU 部分也升级为 NVIDIA Pascal 架构，同样是拥有 256 个 CUDA 核心，但其性能提高了 50%。JETSON TX2 可在像信用卡大小的模块中提供 1 万亿次浮点计算性能，其核心模组和开发人员套件外形如图 3.2 所示。

图 3.2　JETSON TX2 的核心模组和开发人员套件外形

2018 年 6 月，一款重量级的 JETSON 家族成员 JETSON Xavier 问世。作为 NVIDIA ISAAC 平台的核心，JETSON Xavier 是全球首款专为机器人设计的智能芯片。它有 6 个处理器，包括 1 个 Volta Tensor Core CPU、1 个 8 核 ARM64 CPU、2 个 NVIDIA 深度学习加速器、1 个图像处理器和 1 个视频处理器，每秒可执行 30 万亿次操作，其处理能力与配备了 10 万美元 GPU 的工作站大致相当，但功耗仅为 30 W。JETSON Xavier 的核心模组如图 3.3 所示。

图 3.3　JETSON Xavier 的核心模组

2019 年 3 月，在硅谷召开的 GTC(GPU Technology Conference)大会上，NVIDIA 的 CEO 黄仁勋又发布了一款轻量级的、为机器人开发人员量身定制的工具套件——JETSON Nano。JETSON Nano 搭载了 4 核 Cortex-A57 处理器，CPU 则是拥有 128 个 CUDA 核心的 NVIDIA Maxwell 架构，可以提供 472 千兆浮点计算性能，而功耗却低至 5 W。虽然其计算能力不及 JETSON Xavier 和 JETSON TX2，但其价格仅为 JETSON

Xavier 的 1/7，在各种提供边缘计算功能的开发板中具有最高性价比。JETSON Nano 的核心模组和开发人员套件外形如图 3.4 所示。

图 3.4　JETSON Nano 的核心模组和开发人员套件外形

NVIDIA 迄今为止推出的 4 款嵌入式人工智能平台的参数及性能对比见表 3.1。

表 3.1　4 款嵌入式人工智能平台的参数及性能对比

项目	JETSON TX1	JETSON TX2	JETSON Xavier	JETSON Nano
GPU	NVIDIA Maxwell 架构，256 个 CUDA 核心	NVIDIA Pascal 架构，256 个 CUDA 核心	NVIDIA Volta 架构，512 个 CUDA 核心，64 个 Tensor 核心	NVIDIA Maxwell 架构，128 个 CUDA 核心
CPU	Quad ARM A57/2 MBL2	双核 Denver2，64 位 CPU 与 4 核 ARM A57complex	8 核 ARM V8.2，64 位 CPU，8 MB L2+4 MB L3	4 核 ARMR Cortex-A57 MPCore 处理器
内存	4GB 64 位 LPDDR4	8GB 128 位 LPDDR4	16CB 256 位 LPDDR4	4 GB 64 位 LPDDR4
存储	16 GB eMMC5.1	32 GB eMMC5.1	32 GB eMMC5.1	外部 Micro SD 卡
视频编码	4K@30(H.264 或 H.265)	2×4K@30(HEVC)	8×4K@60(HEVC)	4K@30(H.264 或 H.265)
视频解码	4K@60(H.264 或 H.265)	2×4K@30，12 位支持	12×4K@30，12 位支持	4K@60(H.264 或 H.265)
连接	Wi-Fi 需要外部芯片	板载 Wi-Fi	Wi-Fi 需要外部芯片	Wi-Fi 需要外部芯片
	千兆以太网			
摄像头	12 通道(3×4 或 4×2)MIPI，CSI-2，DPHY1.1(1.5 Gb/s)	12 通道 MIPI，CSI-2，D-PHY1.2(30 Gb/s)	16 通道 MIPI，CS1-2，8 个 SLVS-EC，D-PHY(40 Gb/s)，C-PHY(109 Gb/s)	12 通道(3×4 或 4×2)MIPI，CSI-2，DPHY1.1(1.5 Gb/s)
大小	87 mm×50 mm	87 mm×50 mm	100 mm×87 mm	69.6 mm×45 mm
规格	400 引脚连接器	400 引脚连接器	699 引脚连接器	260 引脚边缘连接器

3.2　JETSON 平台硬件资源介绍

现在的互联网虽然已经让全世界的信息可以互相交换，但即使可以使用大量优秀的软件资源也是不够的，还需要硬件的支撑。下面将介绍 JETSON 平台硬件资源。

3.2.1　JETSON 平台网络接口

JETSON 平台在硬件资源方面不仅具有 USB、HDMI、以太网等常规输入/输出(I/O)接口，还具有丰富的硬件可扩展接口资源，为开发人员进行扩展应用提供了无限可能。开发人员不仅可以通过 UART(异步收发传输器)、GPIO(通用型输入/输出)、I^2C(总线)等外设接口实现其他单片机、嵌入式系统的所有功能，还可以通过自身强大的性能，胜任其他单片机、嵌入式系统无力支撑的高数据密度业务和高处理实时性业务，如智能机器人、无人驾驶汽车等。

在 JETSON 平台的行业应用过程中，开发人员需要设计与制造自定义开发板，才能将 JETSON 平台部署到行业应用的最终产品中，但并不是每个人都具备这样的专业知识和资源能完成这项工作。为此，在 JETSON 平台生态体系内，很多公司开发了丰富的 JETSON 系列平台的开发板，助力开发人员加快研发步伐。

JETSON 平台通过可扩展接口资源，不仅可以连接摄像头(最高支持 4K)等视觉传感器，还可以连接深度传感器、激光雷达等设备，并借助 OpenCV 和 Visionworks 等开发工具，很方便地获取各类传感设备的数据并进行相关视觉计算，进而丰富行业应用。

本章主要介绍 JETSON 平台的各类可扩展接口的安装与配置，分别从网络接口、外设接口、开发板接口和传感设备应用 4 个方面给出部分应用实例，希望能够在一定程度上帮助初学者加快 JETSON 硬件开发进度。

1. JETSON 平台的网络接口

JETSON 平台支持千兆有线网络接口，而且网络接入速度稳定，因此，在项目开发过程中推荐采用有线方式接入网络。通常，路由器端都是通过 DHCP(动态主机配置协议)方式设置自动分配 IP，所以只要用网线把 JETSON 平台连接到路由器上即可实现上网。

但是，在实际的行业应用中，作为一个边缘计算平台，大多数情况下 JETSON 设备搭载的各类终端都不具备有线网络接入条件，必须采用无线网络接入方式。下面介绍两种无线网络接口。

(1) 基于 M.2 的无线网络接口。M.2 接口是 Intel 推出的专为便携设备量身定制的一种主机接口方案,可以兼容多种通信协议,如 SATA(串口硬盘)、PCIe、USB、HSIC(高速集成电路)、UART、SMBus(系统管理总线)等。M.2 接口主要有两方面的优势:第一是速度优势。M.2 接口有两种类型——Socket2 和 Socket3,其中,Socket2 支持 SATA 接口和 PCI-EX2 接口,读取速度最大可达 700 Mb/s,写入速度可达 550 Mb/s;Socket3 支持 PCI-EX4 接口,理论带宽可达 4 GB/s。第二是体积优势。M.2 标准的 SSD 像 mSATA 一样可以进行单面 NAND(计算机闪存设备)闪存颗粒的布置,也可以进行双面布置,其中,单面布置的总厚度仅有 2.75 mm,双面布置的厚度仅为 3.85 mm,体积与 mSATA 的 51 mm × 30 mm 的尺寸及 4.85 mm 单面布置厚度相比更加小巧,而且在大小相同的情况下 M.2 可以提供更高的存储容量。JETSON 平台的全部设备都提供 M.2 接口,其中 JETSON TX2 已在 M.2 接口上连接了无线网卡,JETSON Xavier 和 JETSON Nano 的 M.2 接口没有连接任何设备,如果要接入无线网卡需要用户手动安装。

(2) Intel Wireless-AC8265 网卡。目前在 JETSON 设备上官方推荐的 M.2 接口的无线网卡是 Intel Wireless-AC8265,其外形如图 3.5 所示。

图 3.5　Intel Wireless-AC8265 无线网卡的外形

Intel Wireless-AC8265 网卡支持 2.4 GHz、5 GHz 等多个频段,具有蓝牙 4.2AC 接入方式,网络协议支持 802.11n、802.11ac 和 802.11ad,下载速度可达 867 Mb/s,在多种系统上都有驱动支持。该网卡除了支持频段多、下载速度快之外,在安装后还可以使用蓝牙键盘、蓝牙鼠标等各种蓝牙设备。

Intel Wireless-AC8265 网卡的无线接入功能和蓝牙接入功能必须插接天线才能正

常使用，所支持的天线有两种：一种是 FPC 软排线天线，带 3M 胶，可随意粘贴固定；另一种是胶棒天线，在外壳上需要有固定装置，如图 3.6 所示。用户可以根据实际情况选择使用这两种天线。

图 3.6　Intel Wireless-AC8265 无线网卡天线

① 在 JETSON Nano 上安装 M.2 接口无线网卡。

JETSON Nano 使用 M.2 接口连接设备需要拆卸开发板，一旦操作有误，就有可能损坏开发板，而这种人为损坏不在保修范围内，所以用户在动手前一定要谨慎！

拆卸过程： 先将 JETSON Nano 核心模组(见图 3.7)的固定螺丝旋转取下，然后用双手按压松脱核心模组两端的固定卡扣，将核心模组翻转后脱离连接器。

图 3.7　JETSON Nano 的核心模组

安装过程：用手指将天线按压到无线网卡上，再将开发板上 M.2 接口的螺丝拧下，把无线网卡插至该接口上，用刚刚拧下的螺丝将无线网卡固定好后，重新将 JETSON Nano 核心模组固定到开发板上。

②　在 JETSON Xavier 上安装 M.2 接口无线网卡。

在 JETSON Xavier 上，M.2 接口无线网卡的安装稍微容易一些，无须拆装模组，只需将 JETSON Xavier 底部朝上放置，即可看到其连接无线网卡的 M.2 接口。

安装过程：将 JETSON Xavier 底部朝上放置，将 JETSON Xavier 底部连接无线网卡的 M.2 接口上的螺丝拧下，用手指将天线按压到无线网卡上，再将无线网卡插至 JETSON Xavier 底部的 M.2 接口上，用刚刚拧下的螺丝将无线网卡固定好即可。

2. 基于 USB 的无线网络接口

和 M.2 接口相比，通过 USB 方式接入无线网卡的接口操作简单，只需插入即可。由于 L4T 平台(JETSON 平台定制的 Linux 操作系统，即 Ubuntu 定制款)的兼容性问题，并不是所有的 USB 接口的无线网卡都能即插即用。NVIDIA 官方推荐的 USB 接口无线网卡是 Edimax EW-7811Un，如图 3.8 所示。

图 3.8　Edimax EW-7811Un 无线网卡

Edimax EW-7811Un 无线网卡在非常小的体积内容纳了内部芯片天线，支持802.11n 无线协议，最高可达 150 Mb/s 的无线数据速率，节能设计，支持智能发射电源控制和自动怠速状态调整，支持 WMM(Wi-Fi 多媒体)标准，让不同类型的数据拥有更高的优先级，允许使用更多的实时数据流，如视频、音乐、Skype 等，同时对多平台都具有广泛的支持。

Edimax EW-7811Un 无线网卡在 JETSON 平台上默认加载 rtl8192cu 版本驱动，但由于驱动版本问题导致在经由无线路由器通信时会出现大量丢包的情况，因此，需要用户手动禁止默认驱动。

【备注】如果要将 JETSON 设备作为无线热点使用，则无须禁用 rtl8192cu 版本驱动。

在 Terminal 界面中键入如下命令，查看是否加载了 rtl8192cu 版本的驱动，如果已加载就手动禁用该驱动。

```
$ lsmod
$ echo " blacklist rtl8192cu" | sudo tee -a /etc/modprobe.d/blacklist.conf
```

禁用成功后运行如下命令重新启动系统。

```
$ reboot
```

重启后再次运行 Terminal 程序，在 Terminal 界面中输入如下命令确认已不再加载 rtl8192cu 版本的驱动。确认后还需禁用该无线网卡的节电模式，避免长时间无操作时通信中断。

```
$ lsmod
$ sudo iw dev wlan0 set power_save off
```

3. 接入无线网络及设置无线热点

连接好无线网卡后，用户可以在桌面上设置进入无线网。用鼠标点击桌面上的"网络连接"图标，在列出的无线网络中点击可用的无线热点，在弹出的对话框中输入该无线热点的密码并点击确认，即可将 JETSON 设备接入互联网。

在有些实际应用场景中，可能并不需要将 JETSON 设备接入广域网络，但是需要让其他移动设备和 JETSON 设备互连。这时将 JETSON 设备设置为热点是一个不错的备选方案。

将 JETSON 设备设为热点的操作步骤如下：

(1) 用鼠标点击桌面上的"网络连接"图标，在弹出的菜单中选择"Edit Connections..."菜单项，再在弹出的"Network Connections"对话框中点击左下角的"+"按钮。

(2) 在弹出的连接类型选择对话框中下拉选择"Wi-Fi"，点击"Create..."按钮。

(3) 在弹出的网络连接对话框中，修改"Connection name"为"My Hotspot"，在"Wi-Fi"页面中填写"SSID"为"Nano"，选择"Mode"为"Hotspot"，选择"Device"为"wlan0(08:BE:AC:06:3B:38)"，切换至"Wi-Fi Security"页面，选择"Scurity"为"WEP40/128 bit Key (Hex or ASCII)"，填写"Key"为相应密码，如"12345"，点击"Save"按钮即可。

(4) 再用鼠标点击桌面上"网络连接"图标，在弹出的菜单中选择"Connect to Hidden Wi-Fi Network"菜单项，在弹出的连接到隐藏网络对话框中选择"Connection"，修改为之前创建的"My Hotshot"，点击"Connect"按钮。

(5) 片刻后，在系统桌面的右上角会显示"You are now connected to the Wi-Fi

network'Nano'."的字样，说明 SSID 为"Nano"的热点已经成功创建了。

在 Terminal 程序界面中键入如下命令，可以查看当前机器在无线网络中的 IP。

```
$ ifconfig wlan0
```

一般来说，当前机器的 IP 应该是"10.42.0.1"这时就可以用其他移动设备搜索 SSID 为"Nano"的无线网络，并使用所设定的密码接入该无线热点网络中，接入设备就可以通过当前机器的 IP 和当前机器进行网络通信。

3.2.2　JETSON 平台外设接口

JETSON 平台的外设接口有多种，下面将详细介绍不同版本 JETSON 平台的外设接口以及其中的重要接口。

1. 外设接口图

1) JETSON Nano 开发板套件的外设接口

JETSON Nano 开发板套件的前视图如图 3.9 所示，顶视图如图 3.10 所示。

图 3.9　JETSON Nano 开发板套件的前视图

图 3.10　JETSON Nano 开发板套件的顶视图

2) JETSON TX2 开发板套件的外设接口图

JETSON TX2 开发板套件的顶视图如图 3.11 所示。

图 3.11　JETSON TX2 开发板套件的顶视图

3) JETSON Xavier 开发板套件的外设接口图

JETSON Xavier 开发板套件的前视图和后视图如图 3.12 所示，顶视图如图 3.13 所示。

(a) 前视图　　　　　　　　　(b) 后视图

图 3.12　JETSON Xavier 开发板套件的前视图和后视图

图 3.13　JETSON Xavier 开发板套件的顶视图

2. GPIO 接口

GPIO 接口是通用型输入/输出接口的简称,其接脚可以供开发人员通过程序控制自由使用。GPIO 接口可根据实际情况作为通用输入或通用输出,也可以作为通用输入与输出。JETSON 系列开发板中都包含 40 引脚的 GPIO 接口,其中 JETSON Xavier 和 JETSON Nano 只有一个 40 针 2.54 mm 间隔的 GPIO 接口,而 JETSON TX2 有两个 GPIO 接口,一个 40 针、2.54 mm 间隔的通用接口 J21 和一个 30 针 2.54 mm 间隔的扩展接口 J26。

GPIO 接口可以用于输入、输出或其他特殊功能。对于输入,可以通过读取某个寄存器来确定引脚电位的高低;对于输出,可以通过写入某个寄存器来让引脚输出高电位或低电位;对于其他特殊功能,则由另外的寄存器来控制。以 JETSON Nano 为例,GPIO 引脚排列见表 3.2。

表 3.2　JETSON Nano 的 GPIO 引脚排列

引脚	名称	GPIO	引脚	名称	GPIO
1	3.3VDC Power	—	21	SPI_1_MISO	gpio17
2	5.0VDC Power	—	22	SPI_2_MISO	gpio13
3	I2C_2_SDA I2C Bus 1	—	23	SPI_1_SCK	gpio18
4	5.0VDC Power	—	24	SPI_1_CSO	gpio19
5	I2C_2_SCL I2C Bus 1	—	25	GND	—
6	GND	—·	26	SPI_1_CS1	gpio20
7	AUDIO_MCLK	gpio216	27	I2C_1_SDA I2C Bus 0	—
8	UART_2_TX/dev/ttyTHS1	—	28	I2C_1_SCL I2C Bus 0	—
9	CND	—	29	CAM_AF_EN	gpio149
10	UART_2_RX/dev/ttyTHS1	—	30	CND	—
11	UART_2_RTS	gpio50	31	GPIO_PZ0	gpio200
12	I2S_4_SCLK	gpio79	32	LCD_BL_PWM	gpio168
13	SPI_2_SCK	gpio14	33	GPIO_PE6	gpio38
14	GND	—	34	GND	—
15	LCD_TE	gpio194	35	I2S_4_LR	gpio76
16	SPL_2_CS1	gpio232	36	UART_2_CTS	gpio51
17	3.3 VDC Power	—	37	SPI_2MOSI	gpio12
18	SPL_2_CSO	gpiol5	38	I2S_4_SDIN	gpio77
19	SPI_1_MOSI	gpio16	39	GND	—
20	GND	—	40	I2S_4_SDOUT	gpio78

对于如何通过控制 GPIO 输出来打开和关闭发光二极管(LED)，首先，选取 LED 灯、NPN 晶体管、3300 Ω 电阻、10 kΩ 电阻和若干电线，用面包板将所有器件连接起来；其次，在控制 LED 的过程中，需要通过添加限流电阻来确保 LED 能够承受的电流量，简而言之，通过选择合适的电阻可以设定 LED 实际吸收电流的上限。根据欧姆定律选择电阻(在同一电路中，通过某段导体的电流与该导体两端的电压成正比，与该导体的电阻成反比)：

$$R = \frac{U}{I} \tag{3-1}$$

当已知 LED 的参数时可以计算出合适的电阻值，即根据 LED 的正向电压(阴极和阳极之间的最小电压差)计算正向电流，即 LED 能够连续处理的最大电流。本节中 LED 正向电流为 20 mA，正向电压为 2.0 V，当使用 JETSON Nano 的 5 V 引脚驱动 LED 时，按照欧姆定律，有

$$R = \frac{(5-2)\text{V}}{0.02\text{A}} = 150 \ \Omega$$

如果以最大电流运行，将会影响 LED 寿命。通常，使用 220～470 Ω 的电阻来实现此应用，本节使用 330 Ω。

由于 JETSON Nano 上 GPIO 接口的电流不足，直连 LED 会出现灯光昏暗的问题，需要使用双极性晶体管作为开关，为 LED 提供电流。双极性晶体管有两种，即 PNP 和 NPN，在大多数低功耗开关电路中经常使用 NPN 晶体管。设计 JETSON 平台的控制信号流入晶体管基座，发射极与地面连接，输出端与集电极相连。

当 JETSON 平台的 GPIO 为低电平时，晶体管处于截止模式，集电极和发射极之间形成开路，LED 熄灭；当 JETSON 平台的 GPIO 为高电平时，晶体管处于饱和模式，集电极和发射极之间形成短路，LED 点亮。LED 和晶体管的电流都是单向流动，并且都有阳极和阴极，对于 LED，+是阳极，−是阴极，阳极通常有一个较长的"腿"，而阴极通常在灯泡的边缘有平坦的点。对于晶体管，集电极在阳极，发射极在阴极，引脚的排列取决于所选的特定零件。

在实际连接过程中，将 JETSON Nano 上的引脚 2(+5 V)用导线接入面包板电路 +5 V 相应位置，将引脚 6(GND)用导线接入面包板电路 GND 相应位置，将引脚 12(gpio79)用导线经由基极电阻连接到晶体管基座。连接好后运行如下命令：

```
$ echo 79 > /sys/class gpio/export
$ echo out > /sys/class/gpio/gpio79/direction
```

```
$ echo 1 > /sys/class /gpio/gpio79/value
$ echo 0 > /sys/class/ gpio/gpio79/value
$ echo79 > /sys/class gpio/unexport
$ cat /sys/kernel/debug/gpio
```

其中，79 是指 Linux sysfs GPIO 的 gpio79。根据 JETSON Nano J41 的 Pinout，可以查到 gpio79 对应引脚 12。

为了获得访问 GPIO 接口的权限，可以从超级用户终端运行命令：

```
$ sudo su
```

也可以将权限分配给用户所属的组：

```
$ sudo groupadd -f -r gpio
$ sudo usermod -a -G gpio <用户名>
```

通过将"99-gpio.rules"文件复制到"rules.d"目录来安装自定义 udev 规则：

```
sudo cp /opt/nvidia/jetson-gpio/elc/99-gpio.rules /etc/udev/rules.d/
```

注意，对于要执行的新规则，可能需要通过发出以下命令重新引导或重新加载 udev 规则：

```
$ sudo udevadm control --reload-rules && sudo udev adm trigger
```

该顺序来自"JETSON-gpio Python"库文档，安装在默认的 JETSON Nano 镜像中，即":/opt/nvidia/jetson-gpio/doc/README.txt"。

GPIO 接口还可以通过 JETSON GPIO Library 包中提供的 Python 库来控制数字输入和输出。JETSON.GPIO 已经预装在标准的 JETSON Nano 镜像包，运行其中的 Sample 示例可以对 LED 进行控制。

```
$ cd /opt/nvidia/jetson -gpio/samples
$ sudo./run_samples.sh simple_out.py
```

其中，由"run_samples. Sh"脚本设置 JETSON. GPIO 库的路径，并调用 simple_ out.py 来点亮连接到 GPIO 接口引脚 12 的 LED。

3. 串行通信接口

JETSON 系列开发板上有 4 种类型的串行通信接口，分别为 USB、SPI、UART 和 I^2C。USB 接口是插入鼠标和键盘的接口。对于 SPI 接口，在默认的 JETSON 配置中没有 SPI 接口访问权限，但以 JETSON Nano 为例，可以通过 J41 扩展接头重新配置设备树以访问 SPI。本节重点介绍 UART 和 I^{2}C 两类接口。

1) UART 接口

通过电线传输串行数据可以追溯到百年前，计算机行业中的串行通信无处不在。UART 是串行控制台，允许直接访问串行和调试控制台。除了提供典型的控制台之外，串行控制台在许多其他情况下也很有用，包括为不同的启动映像(Linux 内核映像)选择菜单条目的功能，以及访问没有键盘、鼠标、网络或显示器的设备。本节以通过 J44 上的 UART 接口将 PC 计算机连接到 JETSON Nano 为例，介绍 UART 接口功能。

查看 UART 接口的命令为

```
$ ls-1/dev/ttyTHS*
```

运行查看串口的命令时，如果出现无法找到 ttyTHS2 的问题，可以将系统的设备树文件进行反编译，使能 ttyTHS2 后再重新编译。注意：下面的命令如果操作不当可能会引起系统无法启动。具体操作的方法为：

```
$ sudo dte -I dtb -odts extracted. dts /boot/tegral86-quill-p3310-1000-c03-00-base.dtb
```

使用上述命令将设备数反编译出来，成功后会在当前目录中出现"exraced.dts"文件。在"extracted. dts"文件中搜索"serial@c28000"，将其中的"status = 'disabled'"修改为"status='okay'"，再将"extracted. dts"文件编译成 dtb 文件并放回"boot"目录下，使用的命令为：

```
$ sudo dtc -I dts -o dtb /boot/tegra186-quill-p3310-1000-c03-00-base.dtb extracted. dts
```

最后重启开发板。上述过程中可能需要安装 device tree-compiler 才可以使用 dtc 命令，安装命令如下：

```
$ sudo apl isall device-tree-compile
```

通过基本串行电缆进行通信的 JETSON Nano，几乎可以与所有带有串行终端软件的计算机进行通信。JETSON Nano J44 接头使用 TTL 逻辑，通常选择将 JETSON Nano 串行通信信号转换为 USB 再连接到计算机最为方便，即用 Adafruit USB 转 TTL 串行电缆(计算机可能需要使用适当芯片的驱动程序才能使电缆与特定操作系统正常工作)。

要在确保 JETSON Nano 未通电的情况下按如下方式接线，如图 3.14 所示。

其中，白线是 JETSON Nano J44 引脚 2(TXD)→电缆 RXD，绿线是 JETSON Nano J44 引脚 3(RXD)→电缆 TXD，黑线是 JETSON Nano J44 引脚 6(GND)→电缆 CND。

图 3.14　JETSON Nano 的 UART 接线图

在连接计算机的串行终端应用程序之前，需要确定 JETSON Nano 连接的接口。在计算机的 Ubuntu 系统中打开一个新 Terminal 终端并输入：

```
$ dmesg -follow
```

然后插入串行电缆，查看驱动程序为电缆分配的接口号(ttyUSB0)，确认无误后安装和使用 Minicom 通信应用程序。

```
$ sudo apt install minicom
$ sudo minicom
```

设置与 JETSON Nano 进行通信。设置"/dev/ttyUSB0"，连接速度为 115 200 b/s，包含 8 个无奇偶校验位和 1 个停止位(115200 8N1)。在 Minicom 中，按下 Ctrl+A 键再按 Z 显示主菜单。选择"Configure Minicom"菜单项，进入设置确保保存配置。完成该任务后退出 Minicom，重新启动使设置生效。

设置完成后启动 JETSON Nano，可看到内核日志开始在主机上的 Minicom 窗口滚动。通过串行控制台可以用多种方式与 JETSON Nano 进行交互，其中，可以通过按键来中断启动过程，以便与引导加载程序进行交互，还可以选择不同的内核。

串行控制台是一个有用的工具，可帮助调试启动顺序，加载不同的 Linux 内核，或充当无头控制台。用户只需一根电线，就可以与 JETSON Nano 交流。

2) I^2C 接口

I^2C 是一种简单的串行协议，用于单个器件内的短距离通信。通常有两条连接线，一条串行数据线(SDA)，另一条串行时钟线(SCL)，但大多数器件还需要电源(VCC)

和地(GND)。NVIDIA JETSON 开发板可以通过 GPIO 接口访问 I²C 总线 0 和 I²C 总线 1。

本节以控制 12 位 PWM/伺服驱动器 PCA9685 为例，通过 I²C 进行脉冲宽度调制(PWM)。JETSON Nano 能够在 J41 上产生两个 PWM 脉冲(需要重新配置设备树，由引脚 32 和 33 提供信号)，克隆并构建在 JETSON.GPIO 库之上的 Python 库 Adafruit ServoKitLibrary，再切换到该库目录并安装 adarit-circuitpython-servokit 库：

```
$ git clone https: // github. com/JetsonHacksNano/ServoKit1
$ cd SenoKit
$ ./installServoKit.sh
```

安装 ServoKit 库并设置 I²C 和 GPIO 权限，以便可以从用户空间运行程序，添加 GPIO 权限以支持底层 JETSON.GPIO 库。群组更改在登录前不会生效，必须注销/登录或重新启动计算机才能使更改生效。

(1) 单电机角度伺服。

在默认的 JETSON Nano 镜像中，J41 上有两个 I²C 接口，其中，I²C 总线 1 的 SDA 在引脚 3 上，I²C 总线 1 的 SCL 在引脚 5 上，I²C 总线 0 的 SDA 在引脚 27 上，I²C 总线 0 的 SCL 在引脚 28 上。

值得注意的是，在连接 JETSON 平台之前，要确保断开电源。因为插入电源后，即使处理器本身处于关闭状态，接口上的电源和地也始终处于工作状态。

通过 I²C 总线 1 连接伺服电机的接线方式如下：

J41 引脚 3(SDA)→PCA9685 SDA；

J41 引脚 5(SCL)→PCA9685 SCL；

J41 引脚 1(3.3V)→PCA9685 VCC；

J41 引脚 6(CND)→PCA9685 GND。

PCA 9685 连接一个 5V/4A 的电源，SG90 微服务器连接到 PWM 输出的接口 0。注意，GND 信号朝向电路板的外边缘，控制信号朝向电路板的中心。在连接电路板后，再连接 JETSON Nano，在 Terminal 界面中执行如下命令：

```
$ sudo i2cdetect -y -r 1
```

PCA 9685 的默认地址是 0x40(十六进制 40)，在列出的地址中可以看到“40”的条目。如果没有该条目，则表示接线可能不正确。如果未显示地址，将无法使用该设备。值得注意的是，PCA9685 的默认地址是可更改的，因此在检查设备可见性时需要注意。运行如下程序：

```
$ python3
>>> from adafruit_servokit import ServoKit
>>> kit =ServoKit(channels= 16)
>>> kit. servo[0]. angle= 137
>>> kit. servo[0]. angle =25
>>>quit()
```

命令执行后，伺服电机会移动到适当的角度。

(2) 双电机云台单独控制。

关闭并拔下 JETSON Nano 电源后，连接 PCA9685 进行双电机云台伺服控制，通过 I^2C 总线 0 连接伺服电机的接线方式如下：

J41 引脚 27(SDA)→PCA9685 SDA；

J41 引脚 28(SCL)→PCA9685 SCL；

J41 引脚 1(3.3V)→PCA9685 VCC；

J41 引脚 6(GND)→PCA9685 GND。

在 JETSON Nano 上，将 J41 引脚 27 和 28 连接到 I^2C 总线 0，进行检查以确保可以在 I^2C 总线 0 上看到 0x40。

```
$ sudo i2cdetect -y -r 0
```

运行演示程序：

```
$ python3 servoPlay.sh
```

初始化后(需要几秒)，能够用优秀控制杆控制云伺服系统，X 方向的左操纵控制底部伺服，Y 方向的右操纵杆控制顶部伺服。

3.2.3 JETSON 平台开发板接口

JETSON 开发板及应用套件的研发，能够为行业用户提供低成本高可靠的产品级解决方案，摆脱硬件平台搭建的风险，让他们去专注应用层面的开发，快速推出面向特定应用市场的整体解决方案。

1. JETSON TX1/TX2 扩展开发板

1) 瑞泰新时代(北京)公司 RTSO-9001 开发板

RTSO-9001 是一款搭配 JETSON TX1/TX2 核心模块的低成本、小体积开发板，包括上下堆栈两块板卡。开发板长、宽尺寸与 JETSON TX1/TX2 模块相当，适合紧凑型部署需求；面向工业部署应用，其主要接口进行了静电安全保护设计；采用了高可靠性的电源应用方案，具有丰富的对外接口，全板器件采用宽温型号。产品接口及说明如表 3.3 所示。

表 3.3　RTSO-9001 接口及说明

接　口	说　　明
USB 接口	2 个标准 USB3.0 接口(每个接口带宽 5 Gb/s，提供 1A 输出电流)
总线接口	2 个 CAN 总线接口(板载 CAN 收发器)*
CSI 接口	3 个 MIPI CSI
串行通信接口	2 个 RS232/485/422 串行通信接口
网络接口	2 个千兆以太网(10/100/1000 BASE-T)
电池接口	1 个 RTC 电池接口
显示接口	1 个 mini HDMI 接口(最大 6 Gb/s，24 b/px，4096×2160@60Hz)
SD 卡接口	1 个 micro SD 卡接口
SIM 卡接口	1 个 SIM 卡接口
PCIe 接口	1 个 mini-PCIe 接口*
SATA 接口	1 个 mSATA 接口
GPIO 接口	4 个 3.3 V 位可编程
其他接口	1 个音频输出接口，1 个音频输入接口，1 个风扇控制接口
板卡尺寸	87 mm × 57 mm × 40 mm
电源要求/V	+7～+19
工作温度/℃	−40～+85
质量/g	85

注：*表示与 JETSON TX2 模块搭配使用时，mini-PCIe 功能与一组 USB3.0 信号只能选择一项。与 JETSON TX1 模块搭配使用时，CAN 总线接口功能不可用。

RTSO-9001 开发板的外观如图 3.15 所示。

RTS0-9001 开发板工作在使用官方原版 NVIDIA Linux For Tegra(L4T)烧录的系统上时，HDMI、自带千兆以太网，扩展千兆以太网、双层 USB 接口上层接口的 2.0、串口、SD 卡、mSATA、风扇接口、CAN 总线均可得到支持，但 mini-PCIe、双层 USB 接口的下层接口 USB3.0、MIPI 相机接口不能正常工作。为了实现 RTS0-9001 板载接口的全部支持，需要登录 http://www.realtimes.cn/cn/software.html 加载配套驱动补丁。

其他 JETSON TX2 的扩展接口产品包括 RTSO-9002、RTSO-9003 和 RTSO-9003U。

图 3.15　RTSO-9001 开发板外观

2) 沥拓科技(深圳)有限公司 LEETOP-A300 开发板

LEETOP-A300 是一个高性能、尺寸小、接口丰富的 JETSON TX1/TX2 开发板，开发板大小与 JETSON TX1/TX2 模块一致，提供 USB3.0、千兆以太网、HDMI2.0、USB2.0、UART、GPIO、I^2C、CAN、风扇等接口。LEETOP-A300 开发板的外观如图 3.16 所示。

图 3.16　LEETOP-A300 开发板外观

该产品的其他接口及说明如表 3.4 所示。

表 3.4　A300 接口及说明

接　　口	说　　明
USB 接口	2 个标准 USB3.0 接口(5 Gb/s，1A 最大供电电流)
总线接口	2 个 CAN
USB 接口	1 个 USB2.0(w/OTG)
UART 接口	2 个 3.3V UART
网络接口	1 个千兆以太网(10/100/1000 BASE-T)
GPIO 接口	4 路 3.3V 位可编程 GPIO
显示接口	1 个 HDMI 2.0 接口(最大 6 Gb/s，24 b/px，4096×2160@60Hz)
SD 卡接口	1 个 SD 卡接口
I^2C 接口	2 个 I^2C 接口
其他接口	1 个风扇控制接口
板卡尺寸	87 mm × 50 mm
电源要求/V	+ 7～+ 19
工作温度/℃	− 40～+ 85
质量/g	50

其他 JETSON TX2 的扩展接口产品包括 A302 和 A305。

3) Auvidea 公司 J121 开发板

JI21 开发板将 JETSON TX2 计算模块转变为超小型计算机，用于桌面使用或者集成到机器人和无人机中。JI21 与 JETSON TX2 具有相同的高度，并延伸到一侧，为千兆以太网、两个 USB 3.0 和迷你 HDMI 的标准连接器腾出空间；具有一个 M.2 型 M 插槽，用于超快速 SSD(2280 mm 外形尺寸)，通过 4 个 PCIe 通道连接，实现高达 2500 Mb/s 的读写性能。该产品的其他接口及说明如表 3.5 所示。

表 3.5　Jeton TX2 接口及说明

接　　口	说　　明
网络接口	千兆以太网(带 2 个 LED 的 RJ-45 连接器)
USB 接口	两个 USB3.0，一个 micro-USB 用于固件升级
HDMI 接口	mini HDMI 输出
M.2 接口	M.2 键 M(带有 4 个 PCIe 通道的 2280 SSD)
调试控制台	UARI0(3.3 V TTL)
风扇接口	风扇连接器(4 针)
总线接口	一个 CAN(带 MCP2515 SPI 到 CAN 控制器)
CSI 接口	一个 4 通道 CSI-2(22 针 FPC 0.5 mm 间距)可连接到 B102 模块(最高 1080p 60 输入)
功率	12 V 典型(4 引脚)
电压范围/ V	7～17

J21 开发板的外观如图 3.17 所示。

图 3.17　J21 开发板外观

其他 JETSON TX2 的扩展接口产品包括 J142、J220、J94 等。

2. JETSON Nano 扩展开发板

1) 瑞泰新时代(北京)公司 RTSO-6001 开发板

RTSO-6001 是针对 Nano 的工业级开发板，工作温度为-40～+80℃，低功耗，安全级别高，可满足各种苛刻条件。该产品的接口及说明如表 3.6 所示。

表 3.6　RTSO-6001 接口及说明

内　容	说　　明
USB 接口	1 个 USB3.0 接口(接口带宽 5 Gb/s，提供 1A 输出电流)
网络接口	1 个千兆以太网(10/100/1000 Mb/s 自适应；半双工/全双工自适应)
GPIO 接口	3.3 V 位可编程 GPIO 与(2 个 3.3 V UART，1 个 Debug UART，2 个 3.3V I^2C，2 个 3.3 V SPI)接口复用
电池接口	1 个 RTC 电池接口
显示接口	1 个 mini-HDMI 2.0 接口(最大 6 Gb/s，24 b/px，4096×2160@60Hz)，1 个 FPD-Link Ⅲ
PCIe 接口	1 个 mini-PCIe 接口
MIPI 接口	1 个 MIPI 接口
其他接口	1 个风扇控制接口
板卡尺寸	90.45 mm ×58.12mm×23.76 mm
电源要求/ V	+5
质量/ g	56

RTSO-6001 开发板的外观如图 3.18 所示。

图 3.18　RTSO-6001 开发板外观

RTSO-6001 开发板工作在使用官方原版 NVIDIA Linux For Tegra(L4T)烧录的系统上时，HDMI、千兆以太网、USB2.0、串口、GPIO、SD 卡、I^{2}C 总线、风扇接口均可得到支持，但 USB3.0 不能正常工作。如果实现 RTSO-6001 板载接口的全部支持，需要登录 http://www.realtimes.cn/cn/software.html 加载配套驱动补丁。

2) 沥拓科技(深圳)有限公司 LEETOP-A200 开发板

LEETOP-A200 是一个高性能、接口丰富的 JETSON Nano 开发板，提供了HDMI2.0、千兆以太网、USB3.0、USB2.0、M.2 Wi-Fi/BT、CSI CAMERA、SATA、Mini-PCIe/mSATA、UART232 串口、SIM 卡、GPIO、I^{2}C、I^{2}S 风扇等丰富的外围接口，搭载科大讯飞专门为 JETSON Nano 设计的麦克风阵列、惯导模块等外部设备。LEETOP-A200 开发板的外观如图 3.19 所示。LEETOP-A200 接口及说明见表 3.7。

图 3.19　LEETOP-A200 开发板的外观

表 3.7　LEETOP-A200 接口及说明

接　口	说　明
对象	A200 开发板,支持 JETSON Nano
尺寸	125 mm × 105 mm
显示	1 个 HDMI 接口
USB 接口	4 个 USB 3.0 Type A,3 个 USB 2.0 Type A,1 个 USB 2.0 OTG micro-AB
SATA 接口	1 个 mSATA
串行接口	1 个 RS 232
迷你 PCI 接口	1 个 mini-PCIe (PCIe & USB 2.0)
CSI 接口	2 个 CSI 摄像头(720 p)
I^2S 接口	1 个 I^2S(3.3V)
SIM 卡接口	迷你 SIM 卡槽
其他接口	2 个 I^2C(+ 3.3V I/O),2 个 GPIO
电源	+5 V 直流输入,3 A
环境温度/℃	− 40~+ 85
质量/ g	100
配件	线缆
售后支持	一年免费售后支持

3) Auvidea 公司 JN30 开发板

JN30 专为 JETSON Nano 设计,将 Nano 计算模块转变为超级计算机。JN30 支持轻松自动闪存(USB OTG 电缆)和高性能存储(M.2NVME PCIe×4)。JN30 接口及说明见表 3.8。

表 3.8　JN30 接口及说明

接　口	Nano devkit	JN30-LC	JN30
CPU 支持模块	NVIDIA JETSON Nano	NVIDIA JETSON Nano (SD/eMMC)	NVIDIA JETSON Nano (SD/eMMC)
显示方式	HDMI	HDMI	HDMI
显示方式 2	有	—	有
CSI 接口	2 个 CISI-2	—	—
USB 3.0 接口	4 个	1 个	1 个
USB 2.0 接口	—	1 个	1 个
micro-USB 接口	手动	自动	自动
网络接口	千兆网	千兆网	带有 PoE 的千兆网,PSE(15 W)

续表

接　口	Nano devkit	JN30-LC	JN30
M.2 接口	—	—	M.2 MVME　PCIe×4 2 260/2 280
eMMC 接口	—	可选	可选
惯性单元	—	—	MPU 9250 9 轴传感器
外壳	—	可选	可选
UART 接口	—	UART 1，UART 2	UART 1，UART 2
GPIO 接口	40 针	—	SPI，I^{2}C，GPIO 和开关
风扇	4 针风扇	4 针 picoblade 连接器	4 针 picoblade 连接器
电源	5 V，2 A	12 V，1 A	12～48 V
尺寸	79 mm × 100 mm	80 mm × 104.6 mm	80 mm × 104.6 mm

3. JETSON Xavier 扩展开发板

1) 沥拓科技(深圳)有限公司 LEETOP-A501 开发板

LEETOP-A501 开发板主要应用于物流行业中具有陆运货车装卸口的、需要计算机视觉分析的场地，如中转场、重货、网点、快递、零担(运输)、冷运装卸口、商超装卸口、港口装卸口、海关装卸口、铁路运输装卸口，以及具有行为检测需求的幼儿园、工厂、银行等。LEETOP-A501 开发板的外观如图 3.20 所示。

图 3.20　LEETOP-A501 开发板外观

LEETOP-A501 开发板的主要端口及说明见表 3.9。

表 3.9 LEETOP-A501 主要端口及说明

端口名	数量	说　明
USB 3.0	4 个	设计两个 USB 3.0,(5 Gb/s,1 A 最大供电电流,用于接外部传感器)
Micro-USB 2.0	1 个	Micro-USB 2.0(支持 OTG 功能、下载固件)
HDMI	1 个	HDMI v2.0(兼容 v1.4)
RJ45 网口	1 个	最大 10 GB 带宽以太网
MIN-PCIE 接口	1 个	主要用于 4 GB 通信模块的连接
风扇控制接口	2 个	核心板和主板散热
RTC 功能	1 个	断电后保存时间 48 h
RS232 串口	2 个	3.3 V 串口通信
RS485 串口	2 个	5 V 串口通信
音频 I^{2}S 输出	1 组	音频数字信号输出
SPI 总线输出	1 组	SPI 总线输出,3.3 V 电平输出
I^{2}C 输出	2 组	I^{2}C 总线 3.3 V 电平输出
按键	3 组	电源开关机,复位,下载程序
LED 指示灯	2 个	电源指示灯,设备运行正常指示灯
输出电压	1 个	13～19 V(4.5 A),峰值电流 8 A,电源模块内置,没有输出电流的概念了

2) Auvidea 公司 X200 开发板

X200 是 JETSON AGX Xavier 的首款开发板,其特点是以透明的方式利用计算模块的所有接口,给出了 5 个 PCIe 插槽上的所有 PCIe 接口,其他接口包括 USB2.0、USB3.0、2 × USB-C、2 个 HDMI、2 个 CAN、8 个 CSI-2、GPIO、GbE、UART,电源输入为 12～48 V,拥有 9 个基于 PCIe 的千兆以太网(GbE)接口,可连按 9 个 GigE 摄像头,用于多摄像头应用。每个 GbE 接口都是本机连接的,并提供最大的数据传输速率。X200 开发板的外观如图 3.21 所示。

图 3.21 X200 开发板外观

3.3　　JETSON 平台软件资源介绍

　　JETSON 平台提供了良好的硬件配置及性能,同时 NVIDIA 也为该平台配备了功能齐全的软件开发资源 Jetpack。Jetpack 是一个定制的一体化软件包,它捆绑了 NVIDIA JETSON 平台的开发软件。使用 Jetpack 安装程序可以刷写 JETSON 平台,刷写成功后,JETSON 平台不但预装了 L4T 系统,而且还安装了启动开发环境所需的库、API、样例和文档。

　　本节主要介绍 JETSON 平台成功刷写 Jetpack 之后具备的软件资源,并简要介绍 JETSON 平台的架构及一些常用的软件运行库,以及部分软件资源功能测试范例的运行方法,以帮助初学者快速了解 JETSON 平台可以实现的功能。

3.3.1　JETSON 平台的架构

　　JETSON SDK 平台中涵盖的软件开发资源及依赖关系如图 3.22 所示。

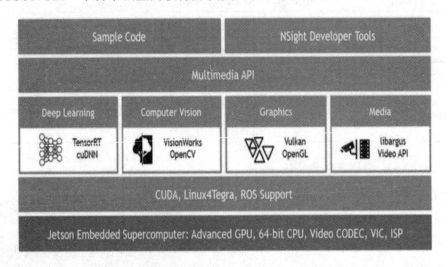

图 3.22　JETSON SDK 平台中涵盖的软件开发资源及依赖关系

　　在图 3.22 中,最底层为 JETSON 的核心模组及开发板。在核心模组上运行的是为 Tegra 处理器重新编译的 Linux4Tegra。

　　在 Jetpack SDK 的支持下,JETSON 平台上的 Linux 操作系统不仅提供开发板支持包(BSP)和 CUDA 等运行库,还提供对实时操作系统的支持以及与机器人操作系统(ROS)等第三方平台的兼容。为了节省开发的人力、物力,JETSON 平台系统还预装了可用于深度学习、计算机视觉、加速计算、多媒体的多个运行库,并支持多种传感器的驱动程序，包括针对深度估计、路径规划和目标检测等在自主机器领域中较为重要的开发任务所涉及的与 GPU 加速相关的众多 IP，以及允许开发人员在 JETSON 平台上快速构建和高效部署的视频分析管道的 DeepStream 框架。

在大多数嵌入式平台上，开发人员需要花费大量的精力整合不同的软件和 IP，而在 JETSON 平台上，开发人员可以获得完整的软件开发工具包(Software Development Kit，SDK)，NVIDIA 还会定期发布带有新特性和性能改进的 SDK 更新。NVIDIA 还提供了一套丰富的开发工具，作为 Jetpack 的一部分，以加快开发人员的开发过程，同时提供关于应用程序、系统功能和性能的详细信息，帮助开发人员快速优化代码，从而使新的 AI 功能更容易地部署到产品中。

这套开发工具包括：

(1) CUDA(Compute Unified Device Architecture)：一种由 NVIDIA 推出的通用并行计算架构和编程模型，能使 GPU 解决复杂的计算问题。

(2) cuBLAS(CUDA Basic Linear Algebra Subroutines)：CUDA 专门用来解决线性代数运算的库，可以实现向量相乘、矩阵乘向量、矩阵乘矩阵等运算。

(3) cuFFT(CUDA Fast Fourier Transform)：CUDA 提供的封装的 FFT 库，还提供了与 CPU 的 FFT 库相似的接口，让用户能够轻易地挖掘 GPU 强大浮点处理能力，不需要用户自己实现专门的 FFT 内核函数。

(4) cuDNN(CUDA Deep Neural Network library)，是 NVIDIA 专门针对深度神经网络中的基础操作推出的库，为深度神经网络中的标准流程提供了高度优化的实现方式，如 convolution、pooling、normalization 及 activation layers 的前向及后向过程。

(5) TensorRT(Tensor Runtime)：一个高性能的深度学习推理引擎，用于在生产环境中部署深度学习应用程序，应用包括图像分类、分割和目标检测等。TensorRT 可提供最大的推理吞吐量和效率，用户无须安装并运行深度学习框架。

(6) VisionWorks：一个用于计算机视觉和图像处理的软件开发包，实现并扩展了 Khronos OpenVX 标准，并对支持 CUDA 的 GPU 和片上系统(SoC)进行了优化，使开发人员能够在可伸缩的、灵活的平台上实现计算机视觉(Computer Vision，CV)应用。

(7) OpenCV (Open Computer Vision)：一个跨平台计算机视觉库，可以运行在 Linux、Windows、Android 和 MacOS 操作系统上，可以实现图像处理和计算机视觉方面的很多通用算法。OpenCV4Tegra 是 NVIDIA 专为 Tegra 平台优化的一个 OpenCV 版本。

(8) OpenGL(Open Graphics Library)：一个跨编程语言、跨平台的专业图形程序接口，可用于二维/三维图像处理，是一个功能强大、调用方便的底层图形库。

(9) libargus：为摄像机应用程序提供了低级帧同步应用编程接口(Application

Programming Interface，API)、每帧摄像机参数控制、多个/同步摄像机支持和设备说明表(Equipment Guide List，EGL)流输出。

(10) GStreamer：用来构建流媒体应用的开源多媒体框架，其目标是简化音/视频应用程序开发，主要用来处理 MP3、MPEG1(MPEG 组织制定的第一个视频和音频有损压缩标准)、MPEG2、AVI(音频视频交错格式)、Quicktime 等多种格式的多媒体数据。

3.3.2　基于 Tegra 核心的 Linux 系统

JETSON 平台使用的是 NVIDIA 公司推出的 Tegra 处理器。Tegra 处理器是采用单片机系统设计的 SoC(System on Chip)芯片，集成了 ARM 架构处理器和 NVIDIA 的 GeForce GPU，面向便携设备提供高性能、低功耗体验。在 Tegra 芯片上运行的是 Linux 内核，采用 U-Boot(Universal Boot Loader)来实现系统引导。在 Linux 内核上，Jetpack 采用 Ubuntu 桌面系统，目前最新版本的 Jetpack 已经集成了 Ubuntu 18.04。此外，Jetpack 还集成了 BusyBox，包括了 300 多个最常用 Linux 命令和工具软件，并结合相关硬件的外部设备重新编译内核，称之为 Linux4Tegra，简称 L4T。

1. 从操作系统到 Ubuntu

操作系统(Operating System，OS)是管理和控制计算机硬件与软件资源的计算机程序，是直接运行在"裸机"上的最基本的系统软件，其他任何软件都必须在操作系统的支持下才能运行。操作系统并不是与计算机硬件一起诞生的，它是在人们使用计算机的过程中，为了满足两大需求——提高资源利用率和增强计算机系统性能，同时随着计算机技术本身及其应用的日益发展而逐步形成和完善起来的。

1946 年，第一台计算机诞生，这时的计算机上并没有操作系统。计算机在几十年间先后经历了手工操作、批处理系统、多道程序系统、分时系统、实时系统等多个阶段，才最终研制出了通用操作系统。

进入 20 世纪 80 年代，大规模集成电路工艺技术的飞速发展以及微处理机的出现和发展，掀起了计算机大发展、大普及的浪潮。在迎来了个人计算机时代的同时，计算机又向计算机网络、分布式处理、巨型计算机和智能化方向发展。与此同时，操作系统有了进一步的发展，出现了个人计算机操作系统、网络操作系统和分布式操作系统等。

个人计算机上的操作系统是联机交互的单用户操作系统，它提供的联机交互功能与通用分时系统提供的功能很相似，但由于是个人专用，因此在一些功能上简单得多。然而，随着个人计算机应用的普及，人们对于能够提供更方便、更友好的用户接口和功能更丰富的文件系统的要求越来越迫切。

目前，在个人计算机中较常用的是微软公司的 Windows 系统。Windows 系统最早是从 DOS 系统发展而来，从 1985 年 11 月 Microsoft Windows 1.0 正式发布，到 2015 年 7 月微软发布目前应用最广且最为稳定的 Windows 10 的 30 年里，Windows 系统作为个人操作系统的一个代表性分支，经历了日新月异的变化。

Linux 是个人操作系统的另一个分支中的杰出之作，它是一种类 UNIX 操作系统，和 Windows 系统相比，有以下几个优点：

(1) 自由与开放。基于通用公共授权(General Public License，GPIL)，任何人可以自由使用或修改源码。

(2) 配置需求低。如果不需要使用图形界面，则配置需求相当低。

(3) 内核强大且稳定。基于 UNIX 开发的系统，稳定且高效。

(4) 适合于嵌入式系统，可裁剪，最小只要几百千字节就可驱动整个计算机。

从桌面应用领域到高端服务器领域再到嵌入式应用领域，Linux 系统都有着广泛的应用。由于 Linux 系统是免费的，配置需求较低且可裁剪，一直以来都是各种嵌入式设备的首选系统，对于边缘计算设备而言也是如此。

Linux 系统只是一个操作系统的内核，需要在内核的基础上集成各种软件才能形成一个完整的、贴近用户的操作系统，于是很多商业公司或非营利团体将 Linux 内核与各种软件进行集成，形成各种发行版操作系统。当前较为流行的发行版包括 Redhat、Ubuntu、Debian 等。

其中，Ubuntu 系统在 2018 年被评为"最好的嵌入式发行版"和"最好的服务器发行版"，目前其最新稳定版本是 Ubuntu 18.04.2 LTS。在 NVIDIA 提供的最新的系统刷机包 Jetpack 4.2.1 中集成的就是 Ubuntu18.04.2 LTS 操作系统。

Ubuntu 系统集成了 GNOME(GNU 网络对象模型环境)软件。GNOME 是一种容易操作且设定了计算机环境的工具，其目标是基于自由软件，为 UNIX 或者类 UNIX 操作系统构造一个功能完善、操作简单而且界面友好的桌面环境，是 GNU 计划的正式桌面。同时，Ubuntu 系统也集成了很多有着图形化界面的工具软件，包括文本编辑器、文档编辑器、表格编辑器等。

对于长期使用 Windows 系统，可以熟练操作桌面交互环境的个人用户来说，只要对 Ubuntu 进行简单的学习就可以在图形化界面上使用基本的系统功能。

2. 常用的 Linux 操作命令

在 Linux 系统里，大部分在图形界面下可以完成的操作都可以在 Terminal 应用界面通过键入相应的命令行来实现。特别地，对于 JETSON 平台的程序开发人员来说，大多数操作也都是在 Terminal 应用界面中完成的。Terminal 应用的运行界面如图 3.23 所示。[1]

图 3.23　Terminal 应用的运行界面

在 Terminal 应用界面运行命令时，经常需要用到 root 权限，也就是管理员权限。例如，把文件拷贝或移动到系统目录下，或者删除系统目录下的某个文件，比较安全的方法就是使用 sudo 命令获取仅限当次操作有效的管理员权限。

该命令在 Terminal 界面中的使用格式如下：

```
$　sudo　<命令>　<参数>
```

运行 sudo 命令时，系统会要求用户输入管理员账号的密码。需要注意，在 Terminal 应用界面输入密码是没有回显的，这是一种保护密码的机制，与在图形界面中输入密码显示 "*" 是一样的作用。因此，用户在输入密码时如果发现没有任何字符出现，只需正常按序输入密码后再按下回车键即可。

下面针对不同的场景介绍 Ubuntu 系统中的常用命令。

1) 文件/文件夹管理常用命令

(1) pwd 命令是 "Print Working Directory" 的简写，指令内容显示当前工作目录的路径，在 Terminal 界面的使用格式为：

---

[1] 编者注：由于默认的 Terminal 应用界面配色方案的截图在书中打印出来不方便阅读，因此本书中此后的 Terminal 界面截图主要是白底黑字配色方案的界面。

```
$  pwd
```

(2) cd 命令是 "Change Directory" 的简写，指令内容是进入到指定目录下，其参数是指定目录相对于当前目录的路径，在 Terminal 界面中的使用格式为：

```
$  cd  <文件夹相对路径>
```

在 Linux 系统的命令行操作中，当涉及已有的文件夹路径或文件路径时，都可以通过键入部分前续字母序列之后按 Tab 键实现自动补齐，如果存在多个候选项，按 Tab 键则会列出所有的候选项以供参考。

cd 命令后面的参数还支持一些特殊的指代符号，如进入当前目录的上一级目录：

```
$  cd ..
```

进入上一次所在的目录：

```
$  cd -
```

进入当前用户的主目录：

```
$  cd ~
```

(3) ls 命令是"List"的简写，指令内容是列出指定目录下的文件/文件夹，在 Terminal 界面中的使用格式为：

```
$  ls  <文件夹相对路径>
```

① 后缀 "-l" 参数，会列出文件/文件夹的详细信息，具体包括文件类型、所有者/所有者权限、组用户权限、其他用户权限、链接数/子目录数、用户名、组名、文件大小、最后修改时间和文件名。

② 后缀 "-lh" 参数，会将列出的文件大小以 K、M、G 的格式显示，更便于查看。

(4) mkdir 命令是 "Make Directory" 的简写，指令内容是创建指定名称的文件夹，在 Terminal 界面中的使用格式为：

```
$  mkdir  <文件夹名称>
```

(5) cp 命令是 "Copy" 的简写，指令内容是将原始路径的文件复制到目标路径。这个命令可以在复制文件的同时修改文件名，在 Terminal 界面中的使用格式为：

```
$  cp  <原始路径>  <目标路径>
```

① 后缀 "-i" 参数，可以在覆盖目标文件之前给出提示，要求用户确认。

② 后缀 "-r" 参数，会将源目录下的所有文件夹及文件夹下的文件复制到目标目录下。

如果用户指定的目标文件名是一个已存在的文件名，则用 cp 命令拷贝文件后，这个文件就会被新拷贝的源文件覆盖。为防止用户在不经意的情况下用 cp 命令破坏另一个文件，建议用户在使用 cp 命令拷贝文件时最好加上后缀参数"-i"。

(6) mv 命令是"Move"的简写，指令内容是将原始路径的文件移动到目标路径。这个命令也可用于(在移动文件的同时)修改文件名，在 Terminal 界面中的使用格式为：

$ mv <原始路径> <目标路径>

(7) rm 命令是"Remove"的简写，指令内容是删除指定的文件。该命令支持常见的通配符，在 Terminal 界面中的使用格式为：

$ rm <文件名>

① 后缀"-r"参数，可以删除指定目录下的所有文件和文件夹(包括子文件夹)。

② 后缀"-f"参数，可以实现强制删除。

【注意】"rm -rf *"是非常危险的命令，谨慎使用！

2) 应用安装常用命令

目前，Linux 系统下最常用的应用程序管理器是 Advanced Package Tool，简称 apt。apt 应用程序管理器最初于 1998 年发布，用于检索应用程序并将其加载到 Debian Linux 系统。apt 成名的原因之一在于其出色的解决软件依赖关系的能力，使用 apt 可以自动从互联网的多个软件仓库中搜索、安装、升级、卸载软件或操作系统。

早期的 apt 程序使用的命令是 apt-get，在 Ubuntu 16.04 发布时将 apt-get 命令和其他命令进行了整合，推出了 apt 命令。apt 命令具有更精简却足以满足用户需求的命令选项，而且参数选项的组织方式更为有效，不仅支持 apt-get 命令常用的功能选项，还支持 apt-cache 和 apt-config 命令中的一些功能。除此之外，apt 命令默认启用的几个特性对用户也非常有帮助，例如用户使用 apt 命令可以在安装或删除程序时看到进度条。所以在本书中，统一使用 apt 命令实现应用安装。

apt 命令一般需要 root 权限执行，所以都会结合 sudo 命令使用。下面介绍 apt 命令的一些常用选项及相关功能。

(1) update 选项可以更新安装源，在 Terminal 界面中的使用格式为：

$ sudo apt update

一般在 Linux 系统安装完毕之后第一次登录时，最先运行的就是这个命令，目的是从所有的软件安装源里更新可安装软件信息列表。如果用户使用 apt 命令安装指定软件包时提示找不到该软件包，也可以考虑使用 update 参数更新一下安装源。

　　(2) upgrade 选项可以升级所有可升级的软件包，在 Terminal 界面中的使用格式为：

```
$ sudo apt upgrade
```

　　一般在第一次运行 apt update 命令之后，就会运行 apt upgrade 命令。

　　(3) install 选项可以安装指定的软件包。

　　install 选项结合参数 "-y" 使用，可以在命令行交互式提示 "[Y/N]" 时自动输入 "y"；如果结合参数 "-no-install-recommends" 使用，则可以避免安装非必需的文件。在 Terminal 界面中的使用格式为：

```
$ sudo apt install　<软件包名称>
$ sudo apt -y install　<软件包名称>
$ sudo apt -no-install-recommends　install　<软件包名称>
```

　　install 选项在键入软件包名称时支持 Tab 键自动补齐，这在用户不能确认软件包的具体名称时非常有用。

　　(4) remove 选项可以移除指定的软件包，在 Terminal 界面中的使用格式为：

```
$ sudo apt remove　<软件包名称>
```

　　(5) purge 选项可以移除指定的软件包，同时移除相关配置文件，在 Terminal 界面中的使用格式为：

```
$ sudo apt purge　<软件包名称>
```

　　(6) autoremove 选项可以移除所有曾被自动安装但现在已经无任何依赖关系的软件包，在 Terminal 界面中的使用格式为：

```
$ sudo apt autoremove
```

　　(7) clean 选项可以删除所有已下载的软件包，在 Terminal 界面中的使用格式为：

```
$ sudo apt clean
```

　　使用 apt 命令下载的软件包默认保存在 "/var/ cache/ apt/archives" 目录下，使用 apt 命令或 dpkg 命令默认将软件安装在 "/usr/share" 目录下，可执行文件默认安装在 "/usr/bin" 目录下，库文件默认安装在 "/usr/lib" 目录下，配置文件默认安装在 "/etc" 目录下。

　　(8) edit-sources 选项可以编辑 apt 的源列表，在 Terminal 界面中的使用格式为：

```
$ sudo apt edit-sources
```

edit-sources 选项命令运行后调用的是 Terminal 界面中的 vim 编辑器,对于初学者来说,这个编辑器使用起来很困难。用户也可以使用 gedit 命令直接对源文件和列表文件进行编辑,格式为:

```
$ sudo gedit /etc/apt/sources.list
```

如果用户进入 vim 编辑器的页面,键入":",再键入"q!",按回车键可退出编辑界面。

JETSON 平台下默认的 apt 安装源是由 Ubuntu 官方提供的,可以确保所需的软件包都会及时更新。但由于在国外服务器可能会出现网络连接较慢的现象,用户可以将安装源替换为国内的安装源来提高安装速度。由于 JETSON 平台是 ARM 内核,因此在替换安装源时一定要确认是 ARM 平台的软件源,不要换成 PC 平台的软件源。

在"/etc/apt/ sources. list"文件的编辑页面,将原有的源地址用"#"字符注释掉,添加新的源地址,保存关闭编辑页面后,执行"sudo apt update"命令完成安装源的替换。由于安装源地址具有时效性,本书不做具体推荐。

在使用 apt 命令时,偶尔会遇到"E: Could not get lock /var/lib/dpkg/lock""E: Could not get /var/lib/dpkg/lock-frontend""E:Could not get /var/cache/apt/archives/lock"等错误,这是由于用户上一次调用 apt 命令时没有正确退出,系统还锁定着 apt 进程,以避免同时运行两个 apt 进程而导致冲突。因此,在实际操作时,用户应首先确认没有其他的 apt 进程正在工作,然后使用 rm 命令将相应的 lock 文件删除,就可以正常使用 apt 命令。rm 命令使用格式为:

```
$ sudo rm /var/lib/dpkg/lock
$ sudo rm /var/lib/dpkg/lock-frontend
$ sudo rm /var/cache/apt/archives/lock
```

【注意】此时使用 rm 命令千万不要带"-r"参数,以免操作不慎将"dpkg"目录或其他目录删除。

apt 命令虽然功能很强大,但是必须配合网络服务器在线完成安装。如果 JETSON 平台的网络不可用,也可以从其他联网的机器上下载版本合适的.deb 格式安装文件,将安装文件拷贝到 JETSON 平台并使用 dpkg 命令完成离线安装。

(9) dpkg 命令可以实现.deb 格式软件包的安装及卸载。

① 后缀"-i"参数,可以实现. deb 格式软件包的安装。

② 后缀"-r"参数,可以实现. deb 格式软件包的卸载。

dpkg 命令在 Terminal 界面中的使用格式为:

```
$ sudo dpkg -i   <安装包文件名>.deb
$ sudo dpkg   -r   <软件包名称>
```

需要注意：dpkg 仅能安装或卸载指定的软件包，无法自动处理模块的依赖关系，并且它是绕过 apt 包管理数据库对软件包进行操作的，所以系统也无法记录相关的安装操作。

3) 其他常用命令

(1) tar 命令可以实现对指定的文件/文件夹进行打包或解包的功能，可选是否压缩。

① 后缀"-c"参数，实现打包功能。

② 后缀"-x"参数，实现解包功能。

③ 后缀"-z"参数，实现. gzip 格式的压缩/解压功能。

④ 后缀"-f"参数，指定文件名，这个参数必须放在最后。

tar 命令在 Terminal 界面中的使用格式为：

```
$ tar -czf<文件名>.tar.gz./*
$ tar -xzf<文件名>.tar.gz
```

上面两条命令分别实现了将当前目录下所有文件压缩打包以及将指定文件解压缩包的功能。

.gzip 格式是 Linux 系统下特有的一种压缩格式，如果压缩包文件是从其他系统中拷贝的，很可能是.zip 格式或.rar 格式，就需要调用对应的命令实现解压缩包。

(2) unzip 命令可以对.zip 格式的压缩包文件进行解压缩包，在 Terminal 界面中的使用格式为：

```
$ unzip <文件名>.zip
```

(3) unrar 命令可以对.rar 格式的压缩包文件进行解压缩包。

由于该命令没有默认集成到 JETSON 平台的 Ubuntu 系统中，需要调用 apt 命令安装后才能使用，在 Terminal 界面中的使用格式为：

```
$ sudo apt install unrar
$ unrar <文件名>.rar
```

(4) find 命令在指定路径下查找文件。

① 后缀"-name"参数，指定要查找的文件名，文件名中支持通配符。

② 后缀"-iname"参数，表示忽略文件名中的大、小写。

③ 还可以后缀各种不同的参数，实现指定文件更新时间、文件类型等功能。

find 命令在 Terminal 界面中的使用格式为：

```
$  find   <路径>  -name  <文件名>
```

还有一些常用的信息查询命令，在此就不一一具体说明了，可以参见表 3.10。

表 3.10　Linux 系统下常用的信息查询命令

命　令　行	功　　　能
$ uname -a	查看内核版本
$ cat /etc/issue	查看 Ubuntu 版本
$ cat /proc/cpuinfo	查看 CPU 信息
$ lsusb	查看 USB 设备
$ df -h	查看硬盘剩余空间
$ top	查看进程占用系统资源的实时情况
$ ifconfig eth0 $ ifconfig wlan0	显示有线网卡当前连接信息(常用于查 IP) 显示无线网卡当前连接信息(常用于查 IP)
$ netstat -lt	查询当前系统正在通过 TCP/IP 协议监听的进程信息

3.3.3　基于 CUDA 的智能计算平台

1. CUDA 简介

20 世纪 90 年代，NVIDIA 的第一个通用计算图形处理单元(GPU)被设计成图形加速器，它提供了可编程的功能，GPU 出色的浮点性能很快被应用于通用计算。2003年，由伊恩·巴克(Ian Buck)领导的一组研究人员公布了 Brook，这是第一个被广泛采用的编程模式，它使用数据并行结构扩展了 C 语言。伊恩·巴克后来加入了NVIDIA，并在 2006 年发布了由他领导的 CUDA，这是世界上第一个基于 GPU 的通用计算解决方案。

CUDA 是一个基于 GPU 开发的并行计算平台和编程模型，通过 CUDA，开发人员可以利用 GPU 的强大功能极大地提升计算应用程序的速度。在 GPU 加速的应用程序中，工作负载的顺序执行部分运行在单线程性能优化的 CPU 上，而应用程序的计算密集型部分并行运行在数千个 GPU 内核上。使用 CUDA 时，开发人员可使用流行的编程语言，如 C、C++、Fortran、Python 和 Matlab 进行编程，并可通过扩展一些基本的关键字来表达并行性。

GPU 并不是一个独立运行的计算平台，它需要与 CPU 协同工作，也可以看成是CPU 的协处理器，因此说 GPU 的并行计算其实就是指基于 CPU + GPU 的异构计算架构(见图 3.24)。在这个异构计算架构中，GPU 与 CPU 通过 PCIe 总线连接在一起协同工作，CPU 所在位置称为主机端(host)，GPU 所在位置称为设备端(device)。

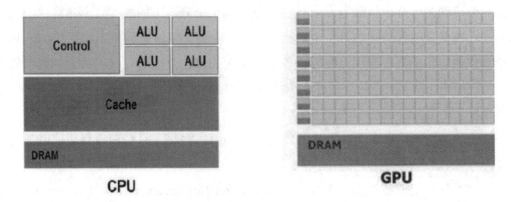

图 3.24　基于 CPU+GPU 的异构计算框架

算术逻辑单元(Arithmetic and Logic Unit，ALU)和 Bus 为总线，Cache 为缓存，Control 为控制单元。

由图 3.24 可以看到，GPU 具有更多的运算核心，特别适用于并行计算的数据密集型任务，如大型矩阵运算；而 CPU 的运算核心较少，但是它可以实现复杂的逻辑运算，因此适用于控制密集型任务。另外，CPU 上的线程是重量级的，上下文切换开销大；而 GPU 由于存在很多核心，其线程是轻量级的。因此，基于 CPU+GPU 的异构计算框架可以优势互补，CPU 负责处理逻辑复杂的串行程序，而 GPU 重点处理数据密集型的并行计算程序，进而发挥最大功效。

CUDA 的编程模型是一个异构模型，需要 CPU 和 GPU 协同工作。在 CUDA 中，host 和 device 是两个重要的概念，host 用于指代 CPU 及其内存，而 device 用于指代 GPU 及其内存。CUDA 程序中既包含 host 程序，又包含 device 程序，分别在 CPU 和 GPU 上运行，同时，host 与 device 之间还可以进行通信，也可以进行数据拷贝。

典型的 CUDA 程序的执行流程如下：

① 分配 host 内存，进行数据初始化；

② 分配 device 内存，从 host 将数据拷贝到 device 上；

③ 调用 CUDA 的核函数，在 device 上完成指定的运算；

④ 将 device 上的运算结果拷贝到 host 上；

⑤ 释放 device 和 host 上分配的内存。

CUDA 程序执行流程中最重要的是调用 CUDA 的核函数(kernel)来执行并行计算。核函数是在 device 上的线程中并行执行的函数，是 CUDA 中一个重要的概念，每个线程都要执行核函数，并且每个线程会分配一个唯一的线程号(thread ID)。

要想深刻理解核函数，就必须详细了解核函数的线程层次结构。GPU 上有很多并行化的轻量级线程，核函数在 device 上执行时实际上是启动了很多个线程(thread)。一个核函数启动的所有线程称为一个网格(grid)，同一个网格上的线程共享相同的全局内存空间，网格是线程结构的第一个层次；其次，网格又可以分为很多线程块(Block)，一个线程块包含了很多线程，线程块是线程结构的第二个层次。核函数上的两层线程组织结构如图 3.25 所示。两层线程组织是一个网格和线程块均为二维的线程组织，网格和线程块都是定义为 dim3 类型的变量，dim3 可以看成是包含 3 个无符号整数(x，y，z)成员的结构体变量，在定义时，缺省值初始化为 1。因此，网格和线程块可以灵活地定义为一维、二维及三维结构。

一个线程块上的线程是放在同一个流式多处理器(Streaming Multiprocessor，SM)上的，但是单个 SM 的资源有限，导致线程块中的线程数也有限。目前 GPU 的线程块可支持的线程数达 1024 个。核函数的这种线程组织结构天然适用于向量、矩阵等运算。

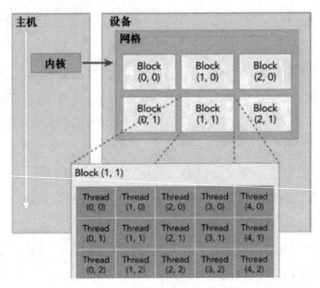

图 3.25　核函数上的两层线程组织结构(二维)

2. CUDA 的内存模型

CUDA 的内存模型如图 3.26 所示。从图 3.26 可知，每个线程都有自己的私有本地内存(Local Memory)，而每个线程块又包含共享内存(Shared Memory)，可以被线程块中的所有线程共享，其生命周期与线程块一致。此外，所有的线程都可以访问全局内存(Global Memory)，还可以访问一些只读内存块，如常量内存(Constant Memory)和纹理内存(Texture Memory)。

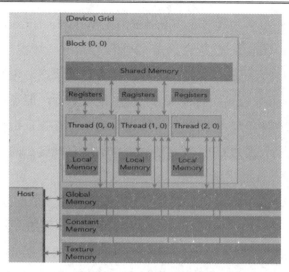

图 3.26　CUDA 的内存模式

　　一个核函数在 device 上执行时实际上是启动了很多线程，这些线程在逻辑层是并行的，但在物理层却并不一定，这点与 CPU 的多线程有类似之处，多线程如果没有多核支持，在物理层也是无法实现并行的。由于 GPU 存在很多 CUDA 核心，因此充分利用 CUDA 核心就可以充分发挥 GPU 的并行计算能力。

　　GPU 硬件的一个核心组件是 SM，SM 的核心组件包括 CUDA 核心、共享内存和寄存器等。SM 的并发能力取决于 SM 拥有的资源数，可以并发地执行数百个线程。当一个核函数被执行时，其网格中的线程块被分配到 SM 上。一个线程块只能在一个 SM 上被调度，而 SM 则可以调度多个线程块，调度线程块的数量取决于 SM 自身的能力。还有可能是一个核函数的各个线程块被分配到多个 SM 上，所以网格只是逻辑层，而 SM 才是执行的物理层。CUDA 编程的逻辑层和物理层如图 3.27 所示。

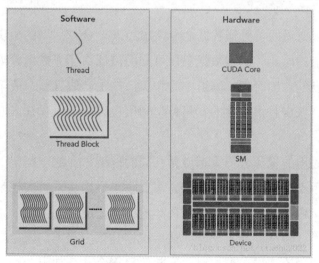

图 3.27　CUDA 编程的逻辑层和物理层

SM 采用的是单指令多线程(Single-Instruction Multiple-Thread，SIMT)架构，基本的执行单元是线程束(wraps)。线程束包含 32 个线程，这些线程同时执行相同的指令，但是每个线程又都包含自己的指令地址计数器和寄存器状态，也有自己独立的执行路径。所以，尽管线程束中的线程同时从同一程序地址执行，但是可能有不同的行为。例如，当遇到了分支结构时，一些线程可能进入这个分支执行指令，而另一些线程有可能不执行，只能等待，因为 GPU 规定线程束中的所有线程在同一周期执行相同的指令，线程束分化会导致性能下降。

当线程块被划分到某个 SM 上时，会进一步被划分为多个线程束，因为这才是 SM 的基本执行单元。但是一个 SM 同时并发的线程束数是有限的，因为受资源限制。SM 既要为每个线程块分配共享内存，也要为每个线程束中的线程分配独立的寄存器，所以 SM 的配置会影响其所支持的线程块和线程束的并发数量。总之，网格和线程块只是逻辑划分，一个核函数的所有线程在物理层不一定是同时并发。所以当核函数的网格和线程块的配置不同时，其性能会出现差异，这点要特别注意。

基于 JETSON 平台的实际开发中，很多时候用户并不需要编写底层的 CUDA 核函数。因为 NVIDIA 在 CUDA 的基础上，还提供了 cuBLAS、cuFFT 和 cuDNN 等运行库，这些运行库相当于对 CUDA 又做了一层封装，用户只需对这些运行库提供的函数进行调控就可以完成计算任务。

3.3.4　基于 DeepStream 的智能视觉平台

本节将在简单介绍 DeepStream 的基础上，详细说明 DeepStream 的核心组件，以及 DeepStream 的处理流程和 DeepStream4.0 的新特性。

1. DeepStream 简介

视频是当下最常见的传感器数据之一。2020 年，全球启用的摄像头数量达 10 亿，这是一个难以置信的原始传感器数据量，可利用摄像头和流数据分析构建一些功能强大的应用，如机场的入境管理、制造中心和工厂的生产线管理、停车管理和客流分析等，这对构建智慧城市是很重要的。另外，利用视频分析可以让人们具备更全面的洞察力。

在不同领域应用的视频分析大都遵循共同的框架，在这个框架下，用户可以创建自己的智能引擎用于视频分析。用户首先需要收集摄像头采集的视频流，然后对采集的视频文件进行解码；其次通过推理从视频流中创造或提取内含信息，从而实现目标识别、跟踪、分类、特征提取等功能；最后根据具体应用方向充分应用信息。例如，在原始的图像或视频流上层，用户可将这些信息聚合并叠加组合，实时反馈并在本机

显示器上显示出来;用户也可以将在原始图片上识别得到的信息重新进行视频编码,
然后存储在磁盘上以备二次分析;用户还可以将推理得到的信息,传给数据分析后端,
在后端进行实时处理、批处理或串流显示。

　　以上这些以往需要开发人员逐步去实现的步骤,DeepStream 可以一站式解决。
DeepStream 是基于 NVIDIA 运行的工具,主要应用于视觉整个流程的解决方案。它与
其他视觉库(如 OpenCV)的区别在于,DeepStream 建立了一个完整的端到端的支持方
案,换句话说,用户的源无论是 Camera、Video 还是云服务器上的视频,从视频的编、
解码到后台的图像推理,再到展示,对这一完整流程上的各个细节,DeepStream 都能
起到辅助的作用。在这个流程中,用户只需加上自己的内容,比如,视频检索需要训
练一个模型用于识别或检测视频中的人脸,只需将人脸识别和人脸检测的相关模型添
加到方案中即可,对于设置视频源的完整流程,DeepStream 可自动完成。

　　基于 DeepStream SDK 视频流数据分析框架,用户可以从各个传感器中构建自己
的应用。所有基于这个框架的智能视频分析应用程序可以共享组件,如解码、预处理、
数据编码、传输、推理组件,应用该框架提供的流媒体和视频分析 SDK,开发人员不
必考虑解码和高效的预处理、推理、屏幕显示等,只需集中精力开发应用和核心算法。

2. DeepStream 的核心组件

　　DeepStream 是一个建立在 GStreamer 基础上的软件开发工具包(SDK),而
GStreamer 是一个开源的多媒体分析框架,由几个核心组件组成。GStreamer 底层(第
一个层次)最基本的单元是插件(plug-ins)。GStreamer 支持很多种不同的插件,每个插
件都具有自己特定的功能。例如,第一个插件从数据源接收数据,并解码原始数据帧
中的像素,再将数据发送给第二个插件;第二个插件做图像缩放处理,然后将数据发
送给下一个插件。这些最基本的插件是基于 GStreamer 的基本功能块。GStreamer 第二
个层次的基本单元是功能箱(bin)。在 GStreamer 和 DeepStream 里,其功能箱包含了很
多功能块,许多功能块一起工作来完成某种具体的功能。GStreamer 第三个层次实际上
是一种总线,一种基于 GStreamer 或 DeepStream 的管理数据流动和同步的总线。

　　GStreamer 为应用程序和管道之间的通信和数据交换提供了 4 种机制:第一种交换
机制其本质是缓冲区,负责在插件之间传递流数据。在管道中,缓冲区将数据从视频
文件传递到解码器,再传递到缩放插件,再传递到过滤器插件,最终传递到显示插件。
第二种交换机制叫作事件(event),用于在 GStreamer 框架中多个插件之间传递信息,
也可用于将应用程序的信息传递给某个插件。第三种交换机制是消息(messages),通过
消息将信息发布到消息总线上,从而让其他应用通过接收消息来采集这些信息。第四

种交换机制是查询(queries)，允许应用程序主动请求信息，不用等待信息发到应用程序上才收集。

对于建立在 GStreamer 框架上的 DeepStream 来说，其主要构建块是插件。DeepStream 提供了一个基于插件的模型，用户基于该模型可以创建一个基于图形的管道插件，还能将管道插件组合到应用程序中，通过插件的互连，对应用程序进行深度优化。DeepStream 允许应用程序利用 GPU 和 CPU 进行异构处理，这意味着当应用程序使用提供的 GPU 加速插件时，该插件就可以访问底层 NVIDIA 优化库。由于 DeepStream 是专为 GPU 处理而构建的，因此数据可以在管道中传递。另外，DeepStream 还可以自动实现并行处理与同步，开发人员不用关心过程是如何实现的，只需要专注于构建自定义用例组件。这也意味着 DeepStream 本身就是多线程的，通过启用多线程的异构化，使用构建管道架构的插件来处理应用程序的创建。DeepStream 既可以针对 NVIDIA GPU 进行优化，还可以在 CPU 上有效运行。

基于插件构建块的特性，DeepStream 将深度神经网络和其他复杂的处理任务引入到流处理管道中，使得它既能实时理解丰富的多模态视频和传感器数据，还可以通过流水线处理模式支持深度学习能力及更多的图像、传感器处理和融合算法的流数据应用程序。DeepStream 还可以将边缘端与 Kafka、消息队列遥测传输协议(Message Queuing Telemetry Transport，MQTT)等标准消息代理集成到云端，并提供一套完整的参考应用程序和预先训练的神经网络，用于大规模的广域部署。使用 DeepStream 构建边缘端到云端的流分析应用，这对于零售分析、智能交通控制、自动化光学检查、货运和货物跟踪等应用程序而言是一个非常重要的特性。

3. DeepStream 的处理流程

有许多应用程序需要实时或准实时延迟运行，还有一些应用程序需要提供服务级别的协议以针对特定情况提供某些延迟，因此有效管理应用程序的内存至关重要。使用 DeepStream 无须关注数据交流的优化情况，因为 DeepStream 提供了一条处理视频流数据的流水线。

流水线最开始是 NVDec 解码组件。无论数据是从视频文件中传输过来的，还是通过网络摄像头编码协议传输过来的，NVDec 接收到的都是 H264 编码后的码流数据。NVDec 硬件解码器在显存中分配了多个输出缓冲区，当多个输出缓冲区创建成功后，NVDec 硬件解码器就逐帧地对数据进行解码，每解码一帧就将该帧的数据放入一个输出缓冲区中。

然后，流水线下游的处理组件就可以直接共享这个包含有解码数据的缓冲区。如果下游组件是 nvinfer 组件，可以用解码后的数据进行推理；如果下游组件是 nvtracker 组件，可以用解码后的数据进行跟踪，也可以用其他的推理组件。但是，不管使用什么下游组件，数据都没有被传输复制，只是通过 GStreamer 缓冲区的指针被共享，直到整个流水线上最后一道工序的组件处理完缓冲区中的数据后，缓冲区才被标记为空闲，并归还到流水线上第一步的缓冲区池(pool)中。此时，第一步中的 NVDec 组件可以重新使用该缓冲区。这种循环，并没有实际的数据在流水线的多个工序间流动，只是 DeepStream 在传递指针。

DeepStream 同时还提供了一种标准化的、可扩展的元数据结构，当用户有需要时，如应用程序有更多的类别或需要其他描述性信息，则能方便地扩展流数据。DeepStream 元数据的结构除了每帧图像的信息外，还包括部分与本帧相关的、所检测到的对象的信息。

4. DeepStream 4.0 的新特性

2019 年 7 月，NVIDIA 推出了最新版本的 DeepStream 4.0。DeepStream 4.0 为所有的 NVIDIA GPU 提供了统一的代码库、可与物联网服务快速集成的特性，以及可方便部署的容器，极大地提高了大规模应用程序的交付和维护效率。统一的代码库支持代码的可移植性是指为开发人员提供在单个平台上构建应用程序及在多个平台上部署的灵活性。新的通信插件提供了与 Azure Edge IoT、MQTT(消息队列遥测传输) 和 Kafka 消息代理的总包集成，以便利用云资源来构建应用程序和服务。这些特性能够更高效地为视频流处理的各个相关领域创建更智能的应用程序。DeepStream 4.0 还推出了一种新的参考跟踪器设计，为目标跟踪提供了鲁棒性，并通过 GPU 加速插件提高了精度。此外，DeepStream 4.0 在应用程序中还增加了对多种异构相机输入和相机类型的支持，这对机器人和无人机的应用研究来说是非常重要的特性。

DeepStream 4.0 有以下重要的新特性：

(1) 跨平台的统一版本丰富了应用程序的可移植性，支持最新的 AI 平台 JETSON Nano；

(2) 内存占用减少了 50%，可以实现更出色的流处理密度；

(3) 与 Azure Edge IoT 实现整合，可以构建应用程序和服务，充分利用了 Azure 云的强大功能；

(4) JETSON 平台的容器化部署，增强了将应用程序部署到 Dockers 的能力，大大增强了大规模应用程序的交付和维护效率；

(5) 可将消息模式转换器和消息代理插件用于推理；

(6) 新的参考跟踪器可实现稳健的对象跟踪;

(7) 增加了对异构相机、分割网络、单色图像和硬件加速 JPEG 解码及编码的支持。

DeepStream4.0 还支持以下领域的人工智能应用程序的开发:

(1) 智能零售。支持分割和多目标跟踪、构建端到端应用程序、生成用户观察视角、创建自动付款系统、设定预防损失策略等。

(2) 工业检验。硬件加速 JPEG 解码和编码;基于 YOLO(You Only Look Once)和 U-Net(U 型结构)等网络创建应用程序;自动检查制造缺陷,速度快于手动检测。

(3) 智能交通。物联网集成传输传感器数据,用于智能停车和交通应用,可改善交通拥堵、优化停车机制,还提供占用经验统计。

(4) 物流和操作。多个摄像头及新的网络拓扑结构,运行最新版本的 TensorRT,可用于在仓库创建应用程序。

值得注意的是,DeepStream4.0 可以为所有在 ARM64 架构上运行的 NVIDIA JETSON 平台提供容器支持。该容器中包含插件、二进制文件和示例应用程序源,以及 DeepStream4.0 发行包中的模型和配置文件,还预先安装了各种外部软件包及其依赖项。该容器利用 JETSON 上的 NVIDIA Container Runtime,可作为 NVIDIA Jetpack4.2.1 或更高版本的一部分进行安装。对于特定设备的平台,由 NVIDIA Container Runtime 从底层主机安装到 DeepStream 容器中,从而为在容器内执行 DeepStream 应用程序提供了必要的依赖关系。

【备注】本节内容参考了吉浦迅科技有限公司微信公众号发表的相关文章,该公众号旨在为广大的 GPU 开发人员提供最新的产品信息及技术资讯,有很多高质量的推送内容。

第 4 章　JETSON 平台开发基础

4.1　JETSON Nano 系统刷写

JETSON 平台的系列产品并不是入手就能使用的，还需要进行系统刷写，刷写后的平台操作系统也不是常用的 Windows 系统，而是 Linux 系统的发行版 Ubuntu，这对于初学者来说都有着一定的操作门槛。本章将以 JETSON 平台系列产品中最小的 JETSON Nano 为例，通过烧录 micro SD 卡对 JETSON Nano 进行系统刷写，并检查烧录的系统环境是否存在问题，同时介绍一些系统简单和常用的配置，帮助初学者快速入门。

4.1.1　JETSON Nano 系统刷写前的准备工作

首先了解外接显示器、外接电源和其他外接设备，然后了解其最基本的物理组成以及如何使用 micro SD 卡。

1. 外接显示器

JETSON 系列平台提供了统一的 HDMI 接口，用于外接显示器，建议用户直接通过 HDMI 连接线接入支持 HDMI 接口的显示器。JETSON Nano HDMI 接口如图 4.1 所示，显示屏 HDMI 接口如图 4.2 所示。

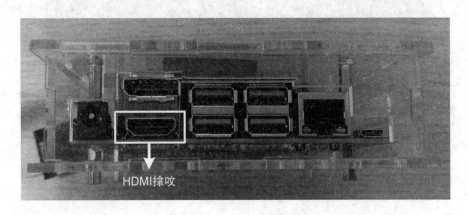

图 4.1　JETSON Nano HDMI 接口

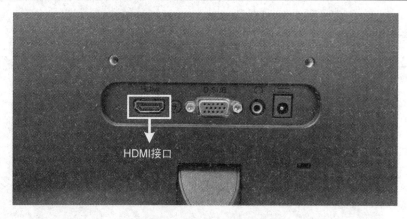

图 4.2　显示屏 HDMI 接口

除了台式显示器之外，用户也可以购置为 PS4 或 Switch 等游戏设备配置的便携式显示器。这种显示器尺寸较小且便于携带，建议配置这类显示器用于编程时，尺寸应不小于 11in(1in =2.54 cm)。

如果想要尽可能地利用已有的无 HDMI 接口的显示器，需要查看并确认显示器是否有 DVI 接口。如果有 DVI 接口，用户可购置一条 HDMI 转 DVI 的转接线来满足将JETSON 系列平台从 HDMI 接口外接显示器的需求。

如果用户既没有 HDMI 接口的显示器，也没有 DVI 接口的显示器，那么就必须有外接 VGA 接口的显示器，还需要购置一条 HDMI 转 VGA 的转接线头，如图 4.3 所示。需要注意：这种接入方式对转接线和显示器都有很大的依赖性，用户可能还需要更换很多种组合才能找到可以显示的方案，因此，非常不推荐。

图 4.3　HDMI 转 VGA 转接头

2. 外接电源

JETSON Nano 未提供电源适配器及相应线缆，需要用户自行购置。JETSON Nano

开发板上提供了两种供电选择：通过 Micro-USB 接口供电和通过 DC 电源供电。

　　Micro-USB 接口供电需要将 JETSON Nano 连接到优质的"5V 2A"的电源适配器（电流超过 2A 可使用），如果电流不满足条件或线缆质量较差，都会导致 JETSON Nano 无法通电。很多手机充电器也可以满足 JETSON Nano 在普通功耗工作时的工作需求，包括树莓派专用的电源适配器也可以用于 JETSON Nano 在普通功耗工作时的供电，Micro-USB 电源接口如图 4.4 所示。

图 4.4　Micro-USB 电源接口

　　当 JETSON Nano 功耗较高时，如在完成较复杂的深度学习模型推理任务的过程中，Micro-USB 接口的供电电流有可能无法满足用电需求，进而发生频繁自动重启的情况。因此对于有高功耗任务需求的应用场景，推荐使用 DC 电源来供电。用户在购买 DC 电源时应注意电源额定电压为 5 V、额定电流为 4～6A，另外接口必须为 5.5 mm × 2.1 mm 的标准接口。DC 电源适配器如图 4.5 所示。

图 4.5　DC 电源适配器

　　需要注意：使用 DC 电源给 JETSON Nano 供电时，必须使用跳线帽将开发板上的 J48 进行短接，JETSON Nano 的 J48 跳线位置如图 4.6 所示。

图 4.6　JETSON Nano 的 J48 跳线位置

3. 外接其他设备

在网络接入方面，JETSON 系列平台提供了统一的千兆以太网的有线接入接口，可直接经由网线接到路由器上，正常通过 DHCP 分配 IP 即可使用。

JETSON Nano 也可经由 M.2 接口或 USB 接口接入无线网卡。在视频采集方面，一般的 USB 摄像头都可以即插即用。如果用 CSI 摄像头，JETSON Nano 只支持 imx219 核心芯片。官方推荐的是树莓派的 V2 模块摄像头，如图 4.7 所示。

图 4.7　在 JETSON Nano 上安装 CSI 摄像头

安装 CSI 摄像头时，首先，将 JETSON Nano 的 CSI 插槽锁定装置轻轻拔起，要控制用力，不要拔断；其次，将树莓派摄像头排线的蓝色胶条朝外插入 JETSON Nano 的 CSI 插槽中，插好排线后，按紧锁定装置，轻拉不松脱就说明安装好了。用户在正式使用前要记得取下镜头上的蓝色保护膜。

在散热方面，JETSON Nano 只提供了散热片，并没有配备风扇。如果功耗较高，就可能会因为模组过热而自动降频，降低运算效率。因此，用户最好配备一个风扇，并用螺丝和螺母将风扇固定在散热片上，如图 4.8 所示。

图 4.8　在 JETSON Nano 上安装风扇

官方推荐使用猫头鹰 NF-A4x20 风扇(4 针温控版)，用户也可自行购买其他款式风扇。注意：在购买风扇时，应符合以下参数要求：额定电压为 5 V，带 PWM 转速控制功能，尺寸为 40 mm × 40 mm。

由于所选风扇是 PWM 调速风扇，因此在 JETSON Nano 通电后风扇并不会启动，在刷机后，用户需要在 Terminal 界面下运行如下命令才可以驱动风扇，使之以最高转速转动。

```
$sudo sh -c 'echo 255 >/sys/devices/pwm-fan/target_pwm'
```

将 255 替换为更小的数字可以降低风扇的转速，转速参数的设置范围为 20～255。当设置的参数小于或等于 20 时，风扇转速将从 100%缓慢降至 0。

4. 使用 micro SD 卡

由于 JETSON Nano 使用 micro SD 卡作为引导设备和主存储卡，因此可以直接将系统镜像烧录到 micro SD 卡上。但在系统刷写前，需要用户自行购置 micro SD 卡，因为最小需要 16 GB 的存储空间，建议用户购买 32 GB 以上的 micro SD 卡，特别是如果用户有搭建 Jetbot 的计划，则需要 micro SD 卡内存在 64 GB 以上。另外，在可选择范围内，推荐用户购买读写速度尽可能快的 micro SD 卡，以避免由于 I/O 速度问题给系统性能带来瓶颈。

为了烧录 JETSON Nano 的 micro SD 卡，需要一台可以上网的计算机(以下简称主机)，并且还要准备一个能够读写 micro SD 卡的高速读卡器。如果是 USB 接口的读卡器，最好是 USB 3.0 接口，这样能大幅度减少后续烧录系统的时间。Micro SD 卡及其读卡器如图 4.9 所示。

图 4.9　micro SD 卡和读卡器

4.1.2　通过烧录 micro SD 卡对 JETSON Nano 进行系统刷写

对 JETSON Nano 进行系统刷写需要先下载系统镜像，然后将 micro SD 卡格式化后就可以烧录了，最后再进行开机配置。

1. 系统镜像下载

烧录 micro SD 卡对主机的操作系统没有特殊要求，常用的 Windows 系统、Mac 系统及 Linux 系统都配有相应的烧录软件，用于完成对 micro SD 卡的烧录操作。

开启主机，打开浏览器并访问以下网址：https://developer.nvidia.com /embedded/Jetpack。

鼠标点击"Download SD Card Image"按钮，下载最新版本的 JETSON Nano 系统镜像。下载时需要使用 NVIDIA 开发人员账号登录网站，如图 4.10 所示。

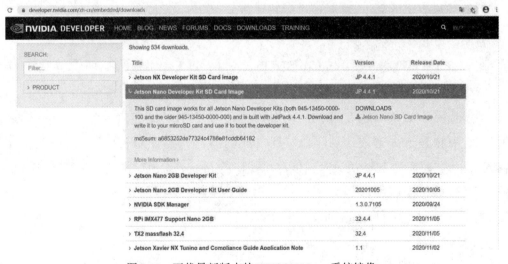

图 4.10　下载最新版本的 JETSON Nano 系统镜像

2. micro SD 卡格式化

以 Windows 主机为例来说明 JETSON Nano 的系统镜像烧录过程。

首先，将装有 micro SD 卡的读卡器插到主机上，在主机的浏览器中访问以下网址 https://www.sdcard.org/downloads/formatter/index.html。

其次，根据主机的 Windows 版本下载相应版本的 SD Memory Card Formatter，并安装运行。在图 4.11 所示的"SD Card Formatter"程序界面中，选中 micro SD 卡所在的驱动器，选择"Quick format"，不用填写"Volume label"，鼠标点击"Format"按钮，在弹出的警告对话框中点击"Yes"按钮，然后等待格式化操作完成。

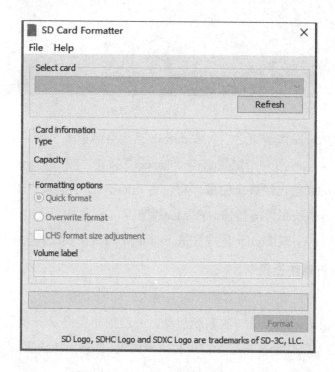

图 4.11　SD Card Formatter 程序界面

3. JETSON Nano 系统刷写

在主机的浏览器中访问网址 https://www.balena.io/etcher/，下载 Windows 系统下可用的 Etcher，并安装运行。在图 4.12 所示的 Etcher 程序界面中，鼠标点击"Select image"按钮，选择之前下载的 JETSON Nano 系统镜像文件压缩包；点击"Select target"按钮，选中 micro SD 卡所在的驱动器，再点击"Flash"按钮，等待刷新及验证操作完成即可。此过程持续的时间取决于 micro SD 卡的写入速度和读卡器的传输速度，一般为几分钟到几十分钟。

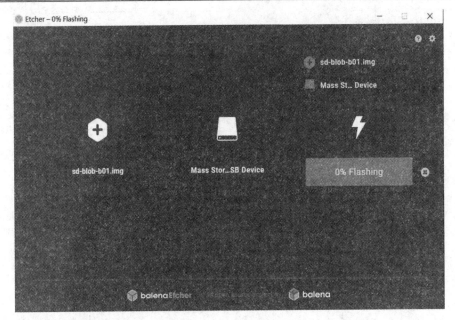

图 4.12　Etcher 程序界面

在 Etcher 的烧录操作结束之后，Windows 系统会弹出多个警告对话框，表示无法读取 micro SD 卡。这时用户一定要点击 "Cancel" 按钮，然后将 micro SD 卡拔出。此时，micro SD 上的系统已经烧录完成，可以将 micro SD 卡插入到 JETSON Nano 上，开机并进一步完成系统配置等操作。在 Mac 主机和 Linux 主机上也可以像在 Windows主机上的操作一样，下载 Etcher 程序完成 micro SD 卡的烧录过程，本书不再赘述。

4. 开机并进行系统设置

micro SD 卡刷写完成后，将其插入到卡槽内，如图 4.13 所示。连接显示器和键盘、鼠标之后接入电源即可进行第一次系统启动，并根据相应提示一步步完成板载系统的"系统配置向导"，包括浏览并接受许可和用户协议、选择系统语言(建议选择 English)、选择键盘布局(比如 English(US))、选择所在时区(比如 ShangHai)，以及设定用户名、计算机名、登录账户、登录密码和是否自动登录。开机系统配置界面如图 4.14 所示。

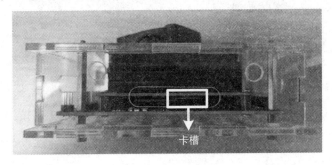

图 4.13　卡槽

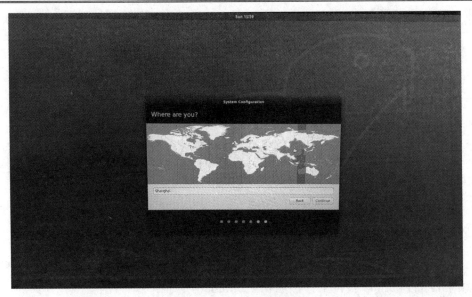

图 4.14　开机系统配置界面

4.2　JETSON 平台环境检查及配置

本节将详细介绍 JETSON 平台系统备份与恢复、通过烧录 micro SD 卡对 JETSON Nano 进行系统刷写，以及对 JETSON 平台环境进行检查和配置等内容。

4.2.1　JETSON 平台系统备份与恢复

使用 dd 命令完成系统的备份与恢复。dd 命令是 Linux 系统的一个非常有用的命令，可从标准输入或文件中读取数据，根据指定的格式来转换数据，再将数据输出到文件设备或标准输出。dd 命令常用于 Linux 系统的备份与恢复。dd 命令有很多参数，此处只对在系统备份与恢复过程中会用到的几个参数进行相应的说明。

参数"if=文件名"：输入文件名，缺省为标准输入，即指定源文件。

参数"of=文件名"：输出文件名，缺省为标准输出，即指定目的文件。

参数"bs =区块大小"：同时设置读入/输出的块，默认单位为 byte，也可指定其他单位。

参数"status = progress"：显示写入进度。

1. 使用 dd 命令完成系统备份

如果用户想要将当前系统制作成镜像并备份到 U 盘上，可以按组合键 Crl + Alt +T 运行 Teminal 应用，并在 Teminal 界面中输入如下命令完成相应的操作：

```
$ sudo dd if=/dev/mmecbik0 of=/mediv nvidia/<label>/nano.img bs=IM status=progress
```

dd 命令制作的是与系统完全一致的镜像文件，不论系统中实际使用多少储存空间，制作出来的镜像文件和整个 micro SD 卡空间(或磁盘空间)大小一致，所以采用这种方式进行备份，得到的镜像文件较大。但可以在创建磁盘镜像文件的同时进行压缩。使用 gzip 压缩命令的格式如下：

```
$ sudo dd if=/dev/ mmebk0 bs=1M status = progress |gzip >media/nvidia/<lable>/nano.img.gz
```

使用 bzip2 压缩命令的格式如下：

```
$ sudo dd if =/dev/mmcblk0 bs =1M status=progress|bzip2 >/media/nvidia/<lable>/nano.img.gz
```

2. 使用 dd 命令完成系统恢复

在 Linux 主机上按组合键 Ctrl + Alt +T 运行 Terminal 应用。将装有待烧录 micro SD 卡的读卡器插到 Linux 主机上，然后在 Terminal 界面中输入如下命令，可查看 Linux 系统分配给 micro SD 卡的磁盘设备号。

```
$ dmesg l awk '$3=="sd"{print }'
```

在 Terminal 界面中依次输入如下命令即可实现将备份的镜像文件烧录在 micro SD 卡上。

```
$ sudo dd if =/media/ nvidia/< label >/nano. img of =/dev/sd<x> bs =1M status = progress
```

如果镜像文件已被压缩，还可以在 Terminal 界面中输入如下命令，将压缩文件解压缩，然后再将其烧录到 micro SD 卡上。

```
$ gzip -d /media/ nvidia/<label >/nano. img. gz | sudo dd of =/dev/sd<x> bs =1M status = progress
```

或者输入如下命令：

```
$ bzip2 -d /media/nvidia/< label >/nano. img. bi2 | sudo dd of =/dev/sd <x> bs =1M status = progress
```

此外，如果用户已将官方提供的 JETSON Nano 系统镜像文件下载并保存到"~/Downloads"目录下，也可以在 Terminal 界面中输入如下命令，将该镜像文件解压缩后烧录到 micro SD 卡上。

```
$ unzip -p ~/Downloads/jetson_nano_devkit_sd_card. zip | sudo dd of =/dev/sd <x> bs =1M status = progress
```

当 dd 命令运行结束后，在 Terminal 界面中输入如下命令，待 micro SD 卡弹出后，将 micor SD 卡拔出。

```
$ sudo eject /dev/sd<x>
```

4.2.2　JETSON 平台环境检查

本小节将详细介绍 jtop 性能监控软件检查和终端命令检查。

1. jtop 性能监控软件检查

进行 JETSON 平台环境检查需要安装 jtop。首先在终端输入代码：

```
$ sudo pip3 install JETSON-stats
```

JETSON-stats 用于监测和控制 NVIDIA JETSON 设备。

进入 jtop，在终端输入代码：

```
$ sudo jtop
```

在 jtop 中可以查看各种环境版本，如 Jetpack：4.4.1、OpenCV：4.1.1、CUDA：10.2.89、cuDNN：8.0.0.180、TensorRT：7.1.3.0 的 IP 地址等，如图 4.15 所示。

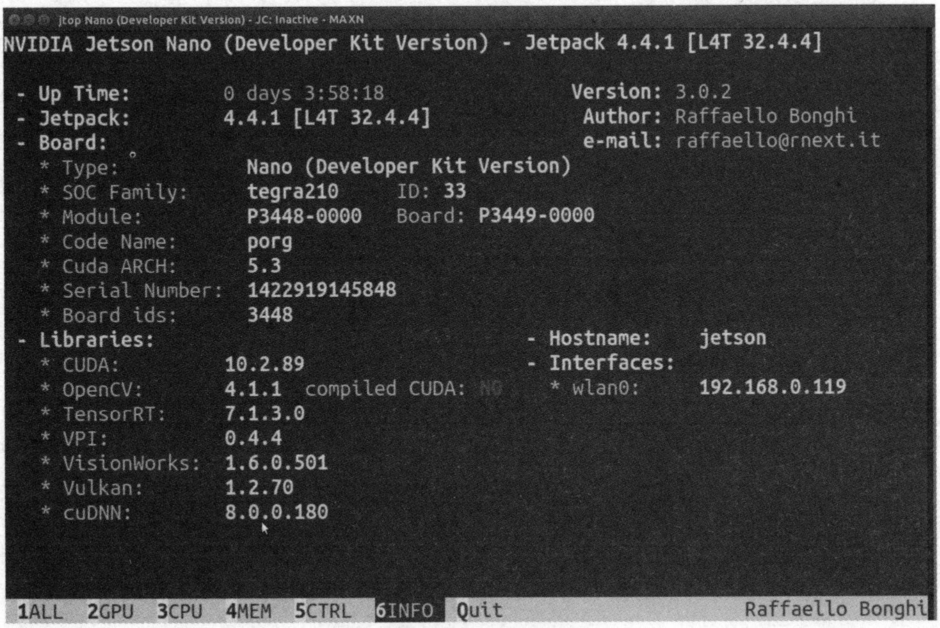

图 4.15　jtop 界面

2. 终端命令检查

测试摄像头，在 Terminal 界面中输入以下代码：

```
$ nvgstcapture
```

按组合键 Ctrl+C 可以强制结束。也可输入下面的代码结束：

```
$ sudo apt-get install cheese
$ cheese
```

cuda 查看(安装目录下查看)，输入以下代码：

```
$ /usr/local/cuda/version.txt
```

或

```
/usr/local/cuda-10.2/version.txt
```

cudnn 查看(安装目录下查看)，输入以下代码：

```
$ /usr/include/cudnn.h
```

默认 python 版本查看，在 Terminal 界面中输入代码：

```
$ python --version
```

python3 版本查看，在 Terminal 界面中输入代码：

```
$ python3 --version
```

OpenCV(OpenCV 软件库在实际应用时使用的是 cv2)查看，在 Terminal 界面中输入代码：

```
$ python3
$ import cv2
$ cv2.__version__
```

quit()函数用于退出 python 环境，或直接按组合键 Ctrl+D 退出。

测试 cuda 是否可用，在 Terminal 界面中输入代码：

```
$ nvcc -V
```

nvcc 的全称是 NVIDIA Cuda compiler driver(编译驱动器)。

出现 bash：nvcc：commad not found 时，需添加环境变量。打开环境变量所在文件，在 Terminal 界面中输入代码：

```
$ sudo gedit ~/.bashrc
```

其中，bashrc 表示保存个性化设置，如命令名和路径等；bash 为命令处理器；rc 为文件类型。

最后三行加入：

```
export CUBA_HOME=/usr/local/cuda
export LD_LIBRARY_PATH=/usr/local/cuda/lib64：$LD_LIBRARY_PATH
export PATH=/usr/local/cuda/bin：$PATH
```

其中，export 用于设置和显示环境变量，变量名=变量设置值。

使文件修改生效，在 Terminal 界面中输入代码：

```
$ source ~/.bashrc
```

其中，source 表示重新执行文件中的命令，不用重启。

测试 cuda 版本，在 Terminal 界面中输入代码：

```
$ nvcc -V
```

4.2.3　JETSON 平台环境配置

本小节将介绍 JETSON 平台环境配置，包括 JETSON 的语言环境、更换镜像源、远程控制以及后续的各种软件和管理工具的安装。

1. 语言环境

安装 IBus 框架，在 Terminal 界面中输入代码：

```
$ sudo apt-get install ibus ibus -clutter ibus-gtk ibus-gtk3 ibus-qt4
```

启动 IBus 框架时不能使用如下代码：

```
$ im-switch-s ibus
```

启动 IBus 框架，在 Terminal 界面中输入代码：

```
$ im-config-s ibus
```

安装拼音引擎，在 Terminal 界面中输入代码：

```
$ sudo apt-get install ibus-pinyin
```

其中，ibus-pinyin 是 IBus 下的一个智能中文语音输入法引擎。

设置 IBus 框架，在 Terminal 界面中输入命令：

```
$ ibus-setup
```

进入 IBus 设置界面，鼠标点击"Input Method"按钮，如图 4.16 所示。

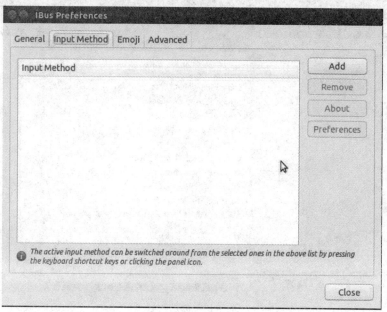

图 4.16　Input Method 界面

在 Input Method 界面，鼠标点击"Add"按钮，选择"Chinese"，如图 4.17 所示。

图 4.17　添加拼音

完成后按 Shift 键，如果不能进行转化则需要手动转换。在电脑任务栏中找到输入法，鼠标点击"Text Entry Settings"，如图 4.18 所示。

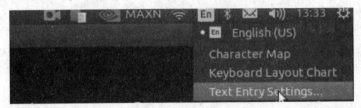

图 4.18　输入法转换

进入设置界面后可以点击"Add"按钮，添加中文拼音，如图 4.19 所示。

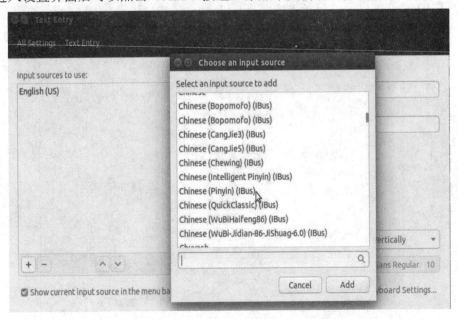

图 4.19　添加拼音

第一次使用这个输入法要在电脑任务栏手动切换，如图 4.20 所示。

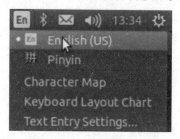

图 4.20　手动切换输入法

若无法进入 IBus，解决办法如下(特别是针对已经安装了 archiconda 的软件)：

(1) 将 archiconda3 禁用，输入如下命令：

```
$ sudo chmod 000 /home/joker/archiconda3/ (在此你应该使用你的目录)
```

(2) 设置 ibus-setup。

(3) 如果还想用 archiconda3，输入如下命令再把权限改回来(需要注意的是这样操作后 ibus-setup 又瘫痪了)：

```
$ sudo chmod 775 /home/NVIDIA/archiconda3/
```

进入 IBus 后，输入法选项添加中文-拼音，若没有中文选项，可以重启再试一次。进入到"Text Entry Settings"选项，用鼠标点击"Add"，找到 Chinese(Pinyin)(IBus)。完成输入法选项添加中文-拼音操作后，若按 Shift 键仍无法切换成拼音，解决办法如下：在图 4.20 所示的输入法图标里手动切换，之后按 Shift 键。

2. 更换镜像源

备份初始源时，在 Terminal 界面中输入如下代码：

```
$ sudo cp /etc/apt/sources.list /etc/apt/sources.list.bak
```

其中，sudo 表示以管理员权限运行；cp 的全称是 copy，表示将第一个文件复制到第二个文件中。若要恢复再复制回来就行。

打开 sources 文件时，在 Terminal 界面中输入如下代码：

```
$ sudo gedit /etc/apt/sources.list
```

其中，gedit 为文本编辑器，简单来说就是打开文件；sources.list 保存了 ubuntu 软件更新的源服务器的地址。

使用国内镜像源时，需要更换为以下地址：

```
deb http://mirrors.tuna.tsinghua.edu.cn/ubuntu-ports/ bionic main multiverse restricted universe
    deb http://mirrors.tuna.tsinghua.edu.cn/ubuntu-ports/ bionic-security main multiverse restricted universe
```

deb http://mirrors.tuna.tsinghua.edu.cn/ubuntu-ports/ bionic-updates main multiverse restricted universe

deb http://mirrors.tuna.tsinghua.edu.cn/ubuntu-ports/ bionic-backports main multiverse restricted universe

deb-src http://mirrors.tuna.tsinghua.edu.cn/ubuntu-ports/ bionic main multiverse restricted universe

deb-src http://mirrors.tuna.tsinghua.edu.cn/ubuntu-ports/ bionic-security main multiverse restricted universe

deb-src http://mirrors.tuna.tsinghua.edu.cn/ubuntu-ports/ bionic-updates main multiverse restricted universe

deb-src http://mirrors.tuna.tsinghua.edu.cn/ubuntu-ports/ bionic-backports main multiverse restricted universe

访问源列表里的每个网址，并读取软件列表，然后保存在本地电脑，终端输入代码如下：

```
$ sudo apt-get update
```

其中，apt-get 用于自动从互联网的软件仓库中搜索、安装、升级、卸载软件；update 表示更新。

3. 远程控制

远程控制可以用多种软件实现，此处用 Xftp 演示，官网地址为 https：//www.netsarang.com/zh/free-for-home-school/，把 Xftp 和 Xshell 都下载安装。

进入 Xftp 后用鼠标点击"新建"，在弹出的对话框的主机栏填入 JETSON Nano 的 IP 地址，登录框中选择密码登录，填入本机的用户名和密码，如图 4.21 所示。

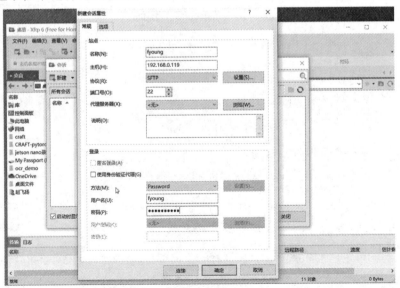

图 4.21　建立连接

连接完成后进入就可以拖动文件进行两个机器文件的互传，也可以进行删除等操作，如图 4.22 所示。

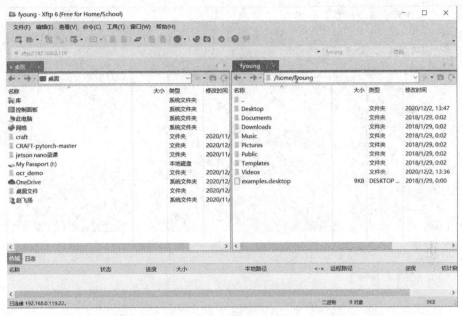

图 4.22　文件管理界面

进入 Xshell，在"新建会话属性"对话框中，主机仍填 JETSON Nano 的 IP 地址，如图 4.23 所示。

图 4.23　Xshell 新建会话属性界面

连接后输入用户名，利用密码登录即可。进入后的界面如图 4.24 所示。

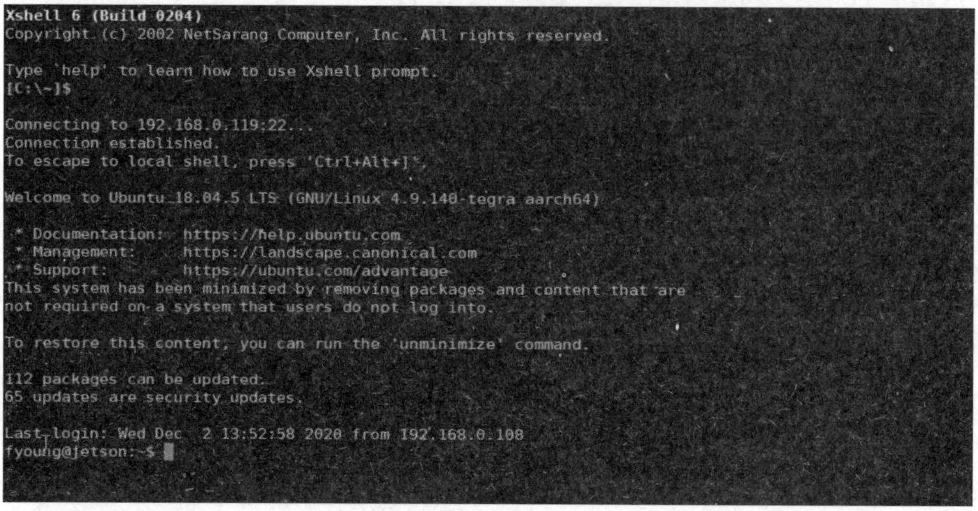

图 4.24　远程控制界面

4. QQ 安装

QQ Linux 版的官方网站为 https://im.qq.com/linuxqq/download.html，在下载列表中选择 ARM64 构架+deb 格式，必备文件中有 linuxqq_2.0.0-b2-1084_arm64.deb。

将安装包放入下载目录下，确认是否安装了 gtk2.0，终端运行代码如下：

```
$ sudo apt install libgtk2.0-0
```

安装 QQ，终端运行代码如下：

```
$ sudo dpkg -i linuxqq_2.0.0-b2-1084_arm64.deb
```

直接搜索 QQ 运行的终端运行代码如下：

```
$ sudo qq
```

QQ 登录界面如图 4.25 所示。

图 4.25　QQ 登录界面

无法登录时，解决办法如下：

(1) 卸载 QQ。在 Terminal 界面运行如下代码：

```
$ sudo dpkg -r linuxqq
```

(2) 重新下载。在下载列表中选择 ARM64 构架+shell 格式，必备文件中有 linuxqq_2.0.0-b2-1084_arm64.sh。

(3) 重新安装。在 Terminal 界面运行如下代码：

```
$ sudo ./linuxqq_2.0.0-b2-1084_arm64.sh
```

版本更新后登录时如果出现闪退情况，则解决办法为：删除 "~/.config/tencent-qq/# 你的 QQ 号#" 目录后重新登录。

5. 包管理工具安装及其后续

(1) 安装 pip。pip 是 Python 包管理工具。在 python3 下安装时，在 Terminal 界面中输入如下代码：

```
$ sudo apt-get install python3-pip python3-dev
```

在 python2 下安装时，在 Terminal 界面中输入如下代码：

```
sudo apt-get install python-pip python-dev
```

其中，apt-get 是一条 Linux 命令，适用于 deb 包管理式的操作系统，主要用于自动从互联网的软件仓库中搜索、安装、升级、卸载软件或操作系统；install 代表安装；python3-pip 和 python-pip 用于安装源内的库；python3-dev 和 python-dev 用于安装源外的库。

卸载安装包时，在 Terminal 界面中输入如下代码：

```
sudo apt autoremove
```

其中，apt 是一个命令行实用程序，用于在 Ubuntu、Debian 和相关 Linux 发行版上安装、更新、删除和管理 deb 软件包；autoremove 代表自动卸载，用于卸载已经自动安装的软件包。

更新 pip 时，在 Terminal 界面中输入如下代码：

```
python3 -m pip install --upgrade pip
```

其中，m 是 module 的缩写，需要把模块当成脚本运行；upgrade 表示升级。

(2) 安装 tensorflow。参考链接：https://docs.NVIDIA.com/deeplearning/frameworks/install-tf-JETSON-platform/index.html#prereqs

在 JOTSON 上安装 tensorflow 前需要先确保安装了 tensorflow 所需的系统包。首先，在 Terminal 界面中输入如下代码：

```
$ sudo apt-get update
$ sudo apt-get install libhdf5-serial-dev hdf5-tools libhdf5-dev zlib1g-dev zip libjpeg8-dev
libllapack-dev libblas-dev gfortran
```

其次，需要安装并升级 pip3。在 Terminal 界面中输入如下代码：

```
$ sudo apt-get install python3-pip
$ sudo pip3 install -U pip testresources setuptools==49.6.0
```

然后，需要安装 tensorflow 的 python 包。在 Terminal 界面中输入如下代码：

```
$ sudo pip3 install -U numpy==1.16.1 future==0.18.2 mock==3.0.5 h5py==2.10.0
keras_preprocessing==1.1.1 keras_applications==1.0.8 gast==0.2.2 futures protobuf pybind11
```

最后，需要安装 cuDNN-8.0。事先下载好所需要的文件三个，在 Terminal 界面中输入如下代码：

```
$ sudo dpkg -i libcudnn8_8.0.0.180-1+cuda10.2_arm64.deb
$ sudo dpkg -i libcudnn8-dev_8.0.0.180-1+cuda10.2_arm64.deb
$ sudo dpkg -i libcudnn8-doc_8.0.0.180-1+cuda10.2_arm64.deb
$ sudo apt-get -y update
```

其中，dpkg 用于管理系统里的 deb 包，可以对其进行安装、卸载、deb 打包、deb 解压等操作。

完成以上操作后，就可以开始安装 tensorflow 了，在 Terminal 界面中输入如下代码即可：

```
$ sudo pip3 install --pre --extra-index-url https://developer.download.nvidia.com /compute
/redist/jp/v50 tensorflow
```

(3) 安装 TensorRT-7.13。在 Terminal 界面中输入如下代码：

```
$ sudo dpkg -i libnvinfer7_7.1.3-1+cuda10.2_arm64.deb
$ sudo dpkg -i libnvinfer-dev_7.1.3-1+cuda10.2_arm64.deb
$ sudo dpkg -i libnvinfer-plugin7_7.1.3-1+cuda10.2_arm64.deb
$ sudo dpkg -i libnvinfer-plugin-dev_7.1.3-1+cuda10.2_arm64.deb
$ sudo dpkg -i libnvonnxparsers7_7.1.3-1+cuda10.2_arm64.deb
$ sudo dpkg -i libnvonnxparsers-dev_7.1.3-1+cuda10.2_arm64.deb
$ sudo dpkg -i libnvparsers7_7.1.3-1+cuda10.2_arm64.deb
$ sudo dpkg -i libnvparsers-dev_7.1.3-1+cuda10.2_arm64.deb
```

```
$ sudo dpkg -i libnvinfer-bin_7.1.3-1+cuda10.2_arm64.deb

$ sudo dpkg -i libnvinfer-doc_7.1.3-1+cuda10.2_all.deb

$ sudo dpkg -i libnvinfer-samples_7.1.3-1+cuda10.2_all.deb

$ sudo dpkg -i tensorrt_7.1.3.0-1+cuda10.2_arm64.deb

$ sudo dpkg -i python-libnvinfer_7.1.3-1+cuda10.2_arm64.deb

$ sudo dpkg -i python-libnvinfer-dev_7.1.3-1+cuda10.2_arm64.deb

$ sudo dpkg -i python3-libnvinfer_7.1.3-1+cuda10.2_arm64.deb

$ sudo dpkg -i python3-libnvinfer-dev_7.1.3-1+cuda10.2_arm64.deb

$ sudo dpkg -i graphsurgeon-tf_7.1.3-1+cuda10.2_arm64.deb

$ sudo dpkg -i uff-converter-tf_7.1.3-1+cuda10.2_arm64.deb

$ sudo apt-get -y update
```

注意，这里同样需要提前下载好以上代码里出现的所有文件。

(4) 安装 OpenCV。在 Terminal 界面中输入如下代码：

```
$ mkdir -p /tmp/build_opencv

$ cd /tmp/build_opencv

$ tar zxvf opencv.gz

$ tar zxvf opencv_contrib.gz

$ ./build_opencv.sh
```

注意，需要在/tmp/build_opencv 文件夹里面放入事先下载的好三个文件(分别为 opencv.gz、opencv_contrib.gz 和 build_opencv.sh)。

(5) 安装 deepstream。在 Terminal 界面中输入如下代码：

```
$ sudo apt-get install libvisionworks

$ sudo apt-get install libvisionworks-dev

$ sudo apt-get install libgstrtspserver-1.0-0
```

如果报错，可以在 Terminal 界面中输入如下代码：

```
$ su root

$ apt --fix-broken install

$ sudo dpkg -i deepstream_sdk_5.0_arm64.deb
```

最后可以在 Terminal 界面中输入下面代码来检查是否安装成功：

```
$ deepstream-app --version-all
```

(6) 各种安装包的查看。

查看驱动版本，在 Terminal 界面中输入如下代码：

```
$ head -n 1 /etc/nv_tegra_release
```

查看内核版本，在 Terminal 界面中输入如下代码：

```
$ uname -r
```

查看操作系统，在 Terminal 界面中输入如下代码：

```
$ lsb_release -i -r
```

查看 CUDA 版本，在 Terminal 界面中输入如下代码：

```
$ nvcc -V
```

查看 cuDNN 版本，在 Terminal 界面中输入如下代码：

```
$ dpkg -l libcudnn8
```

查看 opencv 版本，在 Terminal 界面中输入如下代码：

```
$ dpkg -l libopencv
```

查看 Tensorrt 版本，在 Terminal 界面中输入如下代码：

```
$ dpkg -l tensorrt
```

第 5 章　JETSON 平台开发实战

本章首先介绍 JETSON 平台自带的软件资源功能实战操作，包括基本功能测试和人工智能应用测试；然后给出了人工智能应用实战案例。这些案例采用目前较为成熟的遥感图像目标检测方法，使用 YOLOv4 算法。

5.1　JETSON 平台软件资源功能测试

本节将介绍 JETSON 平台软件资源功能测试，包括基本功能测试和人工智能应用测试。

5.1.1　基本功能测试

本小节将介绍设置开发板最佳性能模式、查询设备信息范例测试、CPU 与 GPU 性能对比范例测试、TensorRT 推理范例测试和多媒体 API 范例测试等内容。

1. 开发板最佳性能模式

按 Ctrl + Alt + T 组合键运行 Terminal 程序，输入如下命令：

```
$ sudo jetson_clocks
```

在输入管理员密码后按回车键，即可开启开发板的最佳性能模式。

nvpmodel 是 JETSON 平台提供的功率模式修改命令，其中后缀"g"是查询当前工作模式，后缀"-m"是设定当前工作模式。JETSON TX2 和 JETSON Xavier 可以设定 0～3 挡(共 4 挡)，JETSON Nano 仅能设定 0 和 1 挡(共 2 挡)，其中 0 挡为最佳性能模式。

在 Terminal 界面中键入如下命令可将时钟值调到最大，为当前的 nvpmodel 模式提供最佳性能，同时开启风扇，如图 5.1 所示。

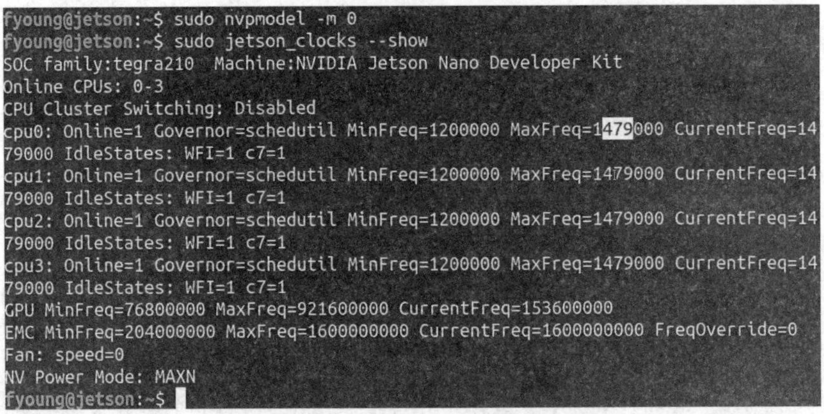

```
fyoung@jetson:~$ sudo nvpmodel -m 0
fyoung@jetson:~$ sudo jetson_clocks --show
SOC family:tegra210  Machine:NVIDIA Jetson Nano Developer Kit
Online CPUs: 0-3
CPU Cluster Switching: Disabled
cpu0: Online=1 Governor=schedutil MinFreq=1200000 MaxFreq=1479000 CurrentFreq=14
79000 IdleStates: WFI=1 c7=1
cpu1: Online=1 Governor=schedutil MinFreq=1200000 MaxFreq=1479000 CurrentFreq=14
79000 IdleStates: WFI=1 c7=1
cpu2: Online=1 Governor=schedutil MinFreq=1200000 MaxFreq=1479000 CurrentFreq=14
79000 IdleStates: WFI=1 c7=1
cpu3: Online=1 Governor=schedutil MinFreq=1200000 MaxFreq=1479000 CurrentFreq=14
79000 IdleStates: WFI=1 c7=1
GPU MinFreq=76800000 MaxFreq=921600000 CurrentFreq=153600000
EMC MinFreq=204000000 MaxFreq=1600000000 CurrentFreq=1600000000 FreqOverride=0
Fan: speed=0
NV Power Mode: MAXN
fyoung@jetson:~$
```

图 5.1　开启开发板的最佳性能模式

2. 查询设备信息范例测试

在 Terminal 界面中输入如下命令，可编译并运行 CUDA 自带的一些范例程序。

```
$cd /usr/localcuda-10.0/samples/1_Utilities/deviceQuery
$ sudo make
$./deviceQuery
```

查询设备信息范例程序用于查询系统的各种设备信息并打印出来，如图 5.2 所示。

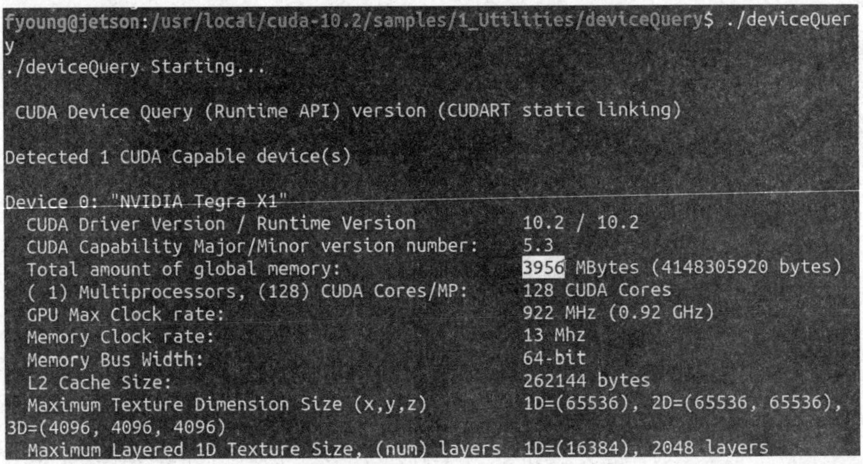

```
fyoung@jetson:/usr/local/cuda-10.2/samples/1_Utilities/deviceQuery$ ./deviceQuer
y
./deviceQuery Starting...

 CUDA Device Query (Runtime API) version (CUDART static linking)

Detected 1 CUDA Capable device(s)

Device 0: "NVIDIA Tegra X1"
  CUDA Driver Version / Runtime Version          10.2 / 10.2
  CUDA Capability Major/Minor version number:    5.3
  Total amount of global memory:                 3956 MBytes (4148305920 bytes)
  ( 1) Multiprocessors, (128) CUDA Cores/MP:     128 CUDA Cores
  GPU Max Clock rate:                            922 MHz (0.92 GHz)
  Memory Clock rate:                             13 Mhz
  Memory Bus Width:                              64-bit
  L2 Cache Size:                                 262144 bytes
  Maximum Texture Dimension Size (x,y,z)         1D=(65536), 2D=(65536, 65536),
3D=(4096, 4096, 4096)
  Maximum Layered 1D Texture Size, (num) layers  1D=(16384), 2048 layers
```

图 5.2　查询设备信息范例

3. CPU 与 GPU 性能对比范例测试

在 Terminal 界面中输入如下命令，可编译并运行 CPU 与 GPU 自带的范例程序。

```
cd ..7..15_Simulations/nbody
$sudo make
$./nbody
$/nbody -cpu
```

CPU 与 GPU 性能对比范例程序用于比较 CPU 图形渲染处理和 GPU 处理图形渲染的性能，如图 5.3 所示。从 CPU 与 GPU 性能对比范例可以看出，GPU 模式下的帧频可达 60 帧，CPU 模式下帧频只有 0.5 帧，相差 120 倍。

 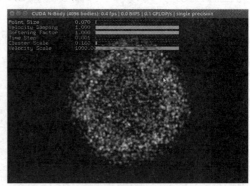

(a) GPU 性能　　　　　　　　　　　　　　　(b) CPU 性能

图 5.3　GPU 与 CPU 性能对比范例

4. TensorRT 推理范例测试

在 Terminal 界面中输入如下命令，可编译并运行 TensorRT 自带的范例程序。

```
$cd /usr/src/tensorrt/samples
$ sudo make
$../bin/sample_mnist
```

TensorRT 推理范例程序演示了使用 TensorRT 加速的手写体数字识别，TensorRT 推理范例识别结果如图 5.4 所示。

图 5.4　TensorRT 推理范例

5. 多媒体 API 范例测试

在 Terminal 界面中输入如下命令，运行一个机动车检测的 demo 程序。在输入命令时注意区分字母的大小写，在文件夹名称和文件名称处可尝试输入部分字母后按 Tab 键由系统自动补齐。

```
$ cd /usr/src/NVIDIA/tegra_multimedia_api/samples/backend/
$ sudo make
$ ./backend 1 ../../data/Video/sample_outdoor_car_1080p_10fps.h264 H264 --trt-deployfile
../../data/Model/GoogleNel_one_class/GoogleNet_modified_oneClass_halfHD.prototxt
--trt-modelfile
../../data/Model/GoogleNet_one_class/GoogleNet_modified_oneClass_halfHD.caffemodel--trt-mode
fo32--trt-proc-interval 1-fps 10
```

程序在第一次运行时需要先转换模型，会耗时近 5 min，耐心等待后会看到视频界面，在视频中可以识别出每一帧中的汽车。多媒体 API(JETSON Nano 上会耗时近 20 min)范例如图 5.5 所示。视频全长约 1 min，播放结束后程序会自动退出。

图 5.5　多媒体 API 范例

5.1.2　人工智能应用测试

JETSON-inference 是 NVIDIA 官方提供的人工智能相关应用的源代码范例，它提供了各种基于 TensorRT 深度学习的应用实现代码，可以在实时摄像头应用中加载深度学习模型，用于图像识别和具有定位功能的网络检测，还可实现图像分割功能。

人工智能应用测试需要将 JETSON 平台接入因特网才能完成。JETSON 平台的全部设备都支持千兆有线网络接口，要求网络接入速度稳定有保证，因此推荐采用有线方式接入网络。一般路由器端设置的都是 DHCP 方式自动分配 IP，只要经由有线方式将 JETSON 平台接入路由器即可。

1. JETSON-inference 下载与编译

按 Ctrl + Alt + T 组合键运行 Terminal 程序，在程序界面中输入如下命令后按回车键，输入密码"NVIDIA"后按回车键，就可更新安装程序列表，移除无用程序，升级现有程序。

```
$sudo apt update
$sudo apt autoremove
$sudo apt upgrade
```

执行升级命令的耗时受限于网络连接速度。升级完成后，在 Terminal 界面中输入如下命令，安装 CMake。

```
$ sudo apt install cmake
```

CMake 是一个跨平台的安装(编译)工具，可以用简单的语句来描述所有平台的安装和编译过程。CMake 并不能直接建构出最终的软件，只是产生一个标准的建构档，该建构档需要配合 CMake 工具才能建构出最终的软件。

CMake 安装完成后，在 Terminal 界面中输入如下命令，下载 JETSON-inference 程序包并更新 submodule。

```
$ mkdir ~/workspace/
$ cd ~/workspace/
$ git clone httns ：//ithub. com/dusty-nv/JETSON-inference
$ cd JETSON-inference
$ git submodule update –init
```

继续输入如下命令，完成 JETSON-inference 程序的预编译工作。

```
$   mkdir build
$   cd build
$   cmake . .
```

在预编译的过程中会弹出两个对话框。在第一个对话框中需要确认下载哪些预训练模型，如图 5.6 所示。这些预训练模型存储在国外的服务器上，下载时可能会出现网络连接问题，因此，建议点击"Ouit"按钮跳过下载过程，需要使用时可在官方提供的备用下载地址手动下载所需的模型。

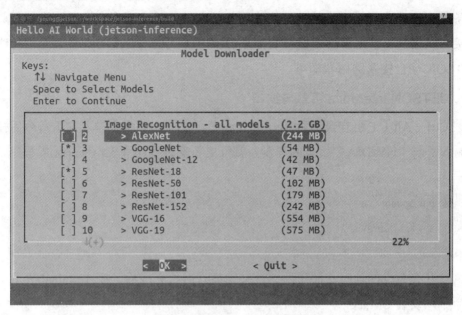

图 5.6　确认是否下载预训练模型

在第二个对话框中需要确认是否安装 PyTorch 及安装版本，如图 5.7 所示。用户如果有需求可以按需选择，没有需求就点击"Quit"按钮跳过安装过程，不会影响测试范例展示。

预编译完成后，运行如下命令编译 JETSON-inference。

```
$ sudo cmake-j4
```

编译完成后，就可以测试一些 JETSON-inference 提供的范例程序。

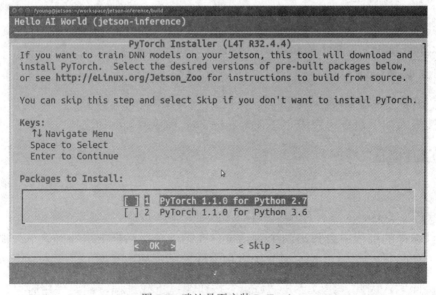

图 5.7　确认是否安装 PyTorch

2. 图像分类范例测试

访问网址 https://github.com/dusty-nv/JETSON-inference/releases，下载"GoogleNet.tar.gz"，下载文件会默认保存到"～/Downloads"目录下。在 Terminal 界面中输入如下命令，解压缩模型文件至相应目录中。

```
$ cd ~/workspace/JETSON-inference/data/networks
$ tar -xzf ~/Downloads/GoogleNet.tar.gz
```

官方提供的预训练模型备用下载页面如图 5.8 所示。

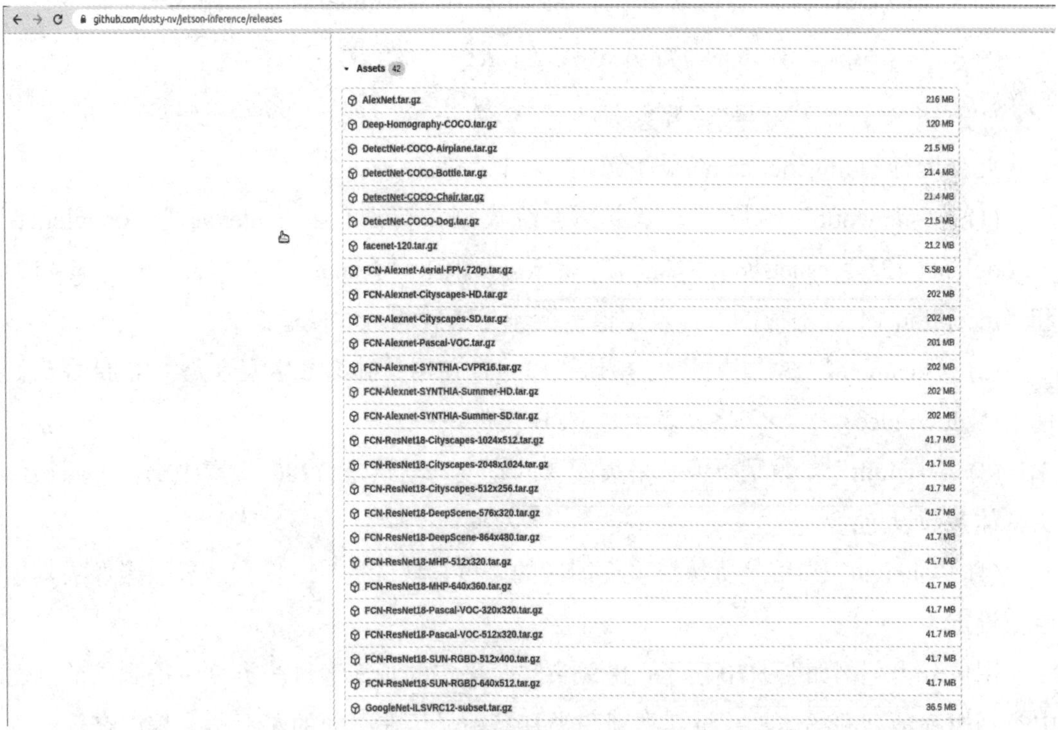

图 5.8　官方提供的预训练模型备用下载页面

首先测试从摄像头采集图像，然后加载预训练的 GoogleNet 模型进行推理，实现图像分类的功能。

在 Terminal 界面中运行如下命令，查看所使用摄像头的索引号。

```
$ ls/dev/video
```

查看摄像头的运行界面如图 5.9 所示，当系统中只有一个摄像头时，摄像头的索引号通常是 0；当系统中有两个摄像头时，摄像头索引号通常是 0 和 1。如果系统中同时有 CSI 摄像头和 USB 摄像头，CSI 摄像头的索引号通常为 0，USB 摄像头的索引号为 1。

```
fyoung@jetson:~/workspace/jetson-inference/data/networks$ cd
fyoung@jetson:~$ ls /dev/video*
/dev/video0  /dev/video1
fyoung@jetson:~$
```

图 5.9　查看摄像头索引号

如果使用 CSI 摄像头(以索引号是 0 为例)，在 Terminal 界面中输入如下命令：

$　cd ~/workspace/JETSON-inference/build/aarch64/bin

$　./imagenet-camera --network=googlenet --camera=0

如果使用 USB 摄像头(以索引号是 0 为例)，在 Terminal 界面中输入如下命令：

$　cd ~/workspace/JETSON-inference/ build/ aarch64/bin

$./imagenet-camera --network=googlenet --camera=/dev/video0 --width=640 --height=480

此处运行的 imgenet-camera 命令支持以下参数：

(1) "-network"参数用于指定预训练模型，可选值有"alexnet""googlenet" "googlenet-12""resnet-18""resnet-50""resnet-101""resnet-152""vgg-16""vgg-19" 和"inception-v4"，对应的具体设定值需要预先下载相应的模型；

(2) "-camera"参数用于指定摄像头序号，使用单独的数字表示是 CSI 摄像头，使用"/dev/video<序号>"格式表示是 USB 摄像头；

(3) "-width"参数是摄像头采集图像的宽度，默认是 1280 像素(PX)，参照摄像头具体参数设定；

(4) "-height"参数是摄像头采集图像的高度，默认是 720 像素，参照摄像头具体参数设定。

图像分类范例如图 5.10 所示，摄像头实时采集的画面通过分类算法得到当前画面中类别概率最高的物体，并将其类别和类别概率显示在画面的左上角。程序在第一次运行时需要转换模型，耗时较久，需要耐心等待。

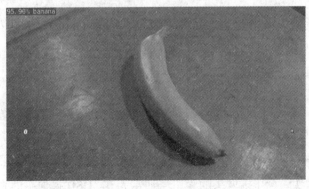

图 5.10　图像分类范例

3. 图像语义分割范例测试

访问网址 https://github.com/dusty-nv/jetson-inference/releases，下载 "FCN-Alexnet-Aerial-FPV-720p.tar.gz"，下载文件会默认保存到 "~/Downloads" 目录下。

在 Terminal 界面中输入如下命令，解压缩模型文件至相应目录中。

```
$ cd ~/workspace/JETSON-inference/data/networks
$ tar -xf ~/Downloads/FCN-Alexnet-Aerial-FPV-720p.tar.Gz
```

该范例是一个在无人机机载摄像头采集的图像数据集上预训练好的图像语义分割模型，可以将图像中的天空和地面区分开来。由于在室内很难用 JETSON 设备连接摄像头拍摄到可供分割的图片，因此此处仅展示对已有图像的分割结果。

在 Terminal 界面中输入如下命令，从存储设备中读取指定的图片，然后加载预训练的 FCN-Alexnet 模型进行推理，实现图像语义分割(区分天空和地面)的功能。

```
$ cd~/workspace/JETSON-inference/build/aarch64/bin
$ ./segnet-console--network=fcn-alexnet-acrial-fpv-720p drone_0255.png
drone_0255_.png.
```

运行的 segnet-console 命令支持以下参数：

(1) "-network" 参数，用于指定预训练模型，可选值有 "fcn-alexnet-aerial-fpv-720p" "fen-alexnet-cityscapes-sd" "fen-alexnet-cityscapes-hd" "fen-alexnet-pascal-voc" "fen-alexnet-synthia-cvpr16" "fon-alexnet-synthia-summer-sd" 和 "fcn-alexnet-synthia-summer-hd"，对应具体设定值需要预先下载相应的模型。

(2) "drone_0255.png" 参数，是原图像文件名，"drone_0255_.png" 参数是绘制了语义分割掩模的新图像文件名。

程序在第一次运行时需要转换模型，耗时较久，需要耐心等待。程序运行完成后，在 Terminal 界面中输入如下命令，可以查看原图像和绘制了语义分割掩模的图像，如图 5.11 所示。

```
$ xdg-open drone_0255. png
$ xdg-open drone_0255_. png
```

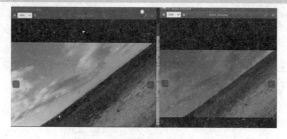

图 5.11　图像语义分割范例

4. 人脸检测范例测试

访问网址 https://github.com/dusty-nv/JETSON-inference/ releases，下载"facenet-120. tar.gz"，下载内容会默认保持到"~/Downloads"目录下。

在 Terminal 界面中输入如下命令，解压缩模型文件至相应目录中。

```
$  cd ~/workspace/JETSON-inference/data/networks
$  tar -xzf ~/Downloads/facenet-120.tar.Gz
```

测试从摄像头采集的图像，然后加载预训练的 FaceNet 模型进行推理，实现人脸检测功能。

如果使用 CSI 摄像头(以索引号是 0 为例)，则在 Terminal 界面中键入如下命令：

```
$  cd ~/workspace/JETSON-inference/build/ aarch64/bin
$  ./detectnet-camera--network=facenet --camera=0
```

如果使用 USB 摄像头(以索引号是 0 为例)，则在 Terminal 界面中输入如下命令：

```
$  cd ~/workspace/JETSON-inference/build/ aarch64/bin
$  ./detectnet-camera.--network=faoenet .-camera=/dev/video0 --width=640 --height=480
```

运行的 detectnet-camera 命令支持以下参数：

(1) "-network"参数用于指定预训练模型，可选值有"multiped""pednet""facenet""coco-airplane""coco-bottle""coco-chair"和"coco-dog"，对应的具体设定值需要预先下载相应的模型；

(2) "-camera"参数用于指定摄像头序号，使用单独的数字表示是 CSI 摄像头，使用"/dev/video<序号>"格式表示是 USB 摄像头；

(3) "-width"参数是摄像头采集图像的宽度，默认是 1280 像素，参照摄像头具体参数设定；

(4) "-height"参数是摄像头采集图像的高度，默认是 720 像素，参照摄像头具体参数设定。

人脸检测范例如图 5.12 所示。程序在第一次运行时需要转换模型，耗时较久。

还有很多其他的范例，读者感兴趣的话可以都运行一下看看效果，各个范例程序的使用说明文档在 JETSON-inference 的"docs"目录下。

图 5.12　人脸检测范例

5.2　人工智能应用实战

本节以遥感图像中的飞机目标检测任务为例，演示如何用深度学习方法实现人工智能项目并部署到 JETSON 平台中。

5.2.1　遥感图像目标检测原理

本小节内容包括从传统目标检测到基于深度学习的目标检测，目标检测到基于遥感图像目标检测和基于 YOLOv4 的遥感图像飞机目标检测。

1. 从传统目标检测到基于深度学习的目标检测

目前，基于深度学习的特征提取方法以其强大的表达能力而成为热点，使得传统目标检测算法的研究几乎陷于停滞，其里程碑算法主要集中于 2012 年之前。首先，2001 年，由 Viola 和 Jones 提出的 Viola-Jones 检测器，是在 1995 年 Freund 等提出的 AdaBoost 算法基础上改进的，通过引入类 Haar 特征和积分图方法，并对 AdaBoost 模型训练出的强分类器进行级联，从而产生的人脸检测器。虽然 Viola-Jones 检测器不是最早提出并使用小波特征的检测器，但相对于其他目标检测领域而言，它在人脸检测领域拥有更为有效的检测效果。2002 年，Lienhart 等又通过对角特征并对其进行扩展，最终形成了如今的 Haar 特征。其次，2005 年，Dalal 等提出行人检测器(Histogram of Oriented Gradients，HOG)，由于 HOG 特征能较好地捕捉到局部形状信息和行人边缘信息，也能很好地适应光学变化和几何变化，同时 HOG 特征是在密集采样的图像块中获取的，因此在计算得到的 HOG 特征向量中隐含了检测窗口与图像块之间的空间位置信息。然而 HOG 却很难处理遮挡问题，而且当物体方向改变或人体动作姿势幅度过大时也不易检测。2008 年，Felzenszwalb 等设计了可变形的组件模型(Deformable Part Model，DPM)，虽然 DPM 采用的是 HOG 进行特征提取，但与 HOG 又有所区别。DPM 通过拆分整合的方式得到最终检测结果，只保留了 HOG 特征中的单元块结构，即将传统目标检测算法中对目标的整体检测问题拆分转化为对模型各个部分的检测问题，然后对各个部分的检测结果再进行整合得到最终的检测结果。

　　总的来说，传统目标检测算法主要是基于滑动窗口的区域选择策略进行目标检测。首先，设置不同尺寸的候选框，采用基于滑动窗口的区域选择策略进行候选框的提取；其次，手动设计或学习得到颜色、纹理、形状以及中高层语义特征等，并对每个滑动窗口中的局部信息进行特征提取，再用事先训练好的分类器对从候选框提取出的特征进行分类判定；最后，通过非极大值抑制的方式去除重叠的候选框，得到最终的检测结果。传统目标检测存在明显的缺点，首先，基于滑动窗口的区域选择策略对整幅图片进行遍历，虽然采用穷举法能够遍历目标可能出现的所有位置，但却导致滑动遍历时的时间复杂度增加，同时也会产生大量冗余窗口，直接影响特征提取速度和分类效果；其次，手工设计的特征对背景变化、光照变化、形态变化等多样性因素变化的鲁棒性较差，无法提取出较好的特征，直接影响分类精确度。

　　2012 年，Hinton 和 Alex 共同提出的神经网络模型 AlexNet 在百万量级的 ImageNet 数据集上进行特征提取，其效果大幅度超过传统的特征提取方法。此后，诸如 VGG (Visual Geometry Group)、GoogleNet、ResNet 等更好的卷积神经网络模型不断出现并刷新纪录，同时，基于深度学习的特征提取方法以其强大的特征表达能力，被迅速应用到了各个领域中。2014 年，Girshick 提出基于候选区域的目标检测模型 R-CNN(Region-CNN)，首次将深度学习应用于目标检测领域，此后，基于深度学习的目标检测成为目标检测领域的主流研究方法，并衍生出 SPP(Spatial Pyramid Pooling)、Fast R-CNN 以及 Faster R-CNN 等一系列两步法检测模型。2016 年，Joseph Redmon 提出 YOLO，成为一步法的代表模型，它将目标检测问题由分类问题转换为回归问题，实现了端到端的训练，在检测速度上有了质的提高，相比两步法的框架具有明显速度优势。之后，YOLOv2、SSD、RetinaNet 以及 YOLOv3、YOLOv4、YOLOv5 等一系列基于一步法的目标检测模型逐渐出现。其中，YOLOv4 是在 Joseph Redmon 宣布放弃更新后，由其他团队进行了重大创新，它整合了各种发表在顶尖论文中的结构和方法，通过大量实验，得出最佳的组合方式，在 COCO 数据集上的平均精度 (Average Precision，AP)和帧率精度(Frames Per Second，FPS)相较于 YOLOv3 分别提高了 10%和 12%，被认为是当前精度最高的目标检测模型，并得到了 Joseph Redmon 的官方认可。

2. 目标检测到基于遥感图像目标检测

目前国内外高分辨率遥感图像目标检测算法研究的主要成果大致可以分为一般遥感图像目标检测和特定遥感图像目标检测这两类。

在非遥感图像目标检测中，目标大多是水平视图，也存在少部分仰视视图，而在一般遥感图像目标检测中，遥感图像通常由星载和机载图像传感器获取，只能俯视拍摄，相对于非遥感图像视角较为特殊，产生了旋转不变性、小目标、类别不平衡、背景复杂等一系列检测难题。对于旋转不变性问题，尽管目前卷积神经网络在非遥感图像中取得了巨大进步，但由于难以有效处理物体旋转变化问题，因此，在高分辨率遥感图像中直接使用卷积神经网络提取特征进行物体检测存在问题。对于小目标问题，由于高分辨率遥感图像通常视野较大，待检测目标相对于遥感图像来说其尺寸更小，因此小目标问题也是一个难点问题。小目标检测目前是目标检测领域的重点研究方向。对于类别不平衡问题，类别不平衡在非遥感图像和遥感图像中都是普遍存在的问题，主要是在提取区域特征时，提取的区域特征大多为背景特征，而大量背景特征在训练时会主导梯度下降方向，造成训练出来的检测器的性能不佳。对于不平衡问题，在非遥感图像的目标检测中提出了 focal loss、GHM、OHME 等各种方法。对于背景复杂问题，在非遥感图像中目标背景大多为天空、街道、房屋等，且背景占比较小，而遥感图像中目标背景相对多样化，比如城市、森林、沙漠、海洋等，且背景占比较大，因此复杂背景下的目标检测也是一个难点问题。

一般遥感图像目标检测算法主要解决遥感图像中普遍存在的问题，并采用公共数据集验证算法的泛化能力。而在特定的遥感图像目标检测中，特定目标检测对象主要包括城市、机场、建筑、飞机、舰船、车辆、云、海冰等比较重要和有价值的目标，主要解决这些特定目标的特殊场景应用。虽然一般遥感图像目标检测算法在各个领域检测中表现出了良好的适用性，但对各个领域特有的问题却没有考虑。

3. 基于 YOLOv4 的遥感图像飞机目标检测

YOLOv4 模型可分为输入端、基础特征提取网络、图像特征融合网络以及输出端等四个模块。四个模块所采用的方式介绍如下。

1) 输入端

YOLOv4 模型中使用的 Mosaic 数据增强方式是 Bochkovskiy 在 CutMix 数据增强方式的基础上改进的。以高分辨遥感卫星图像为例，CutMix 数据增强方式仅仅是对两张高分辨遥感卫星图像进行了简单的拼接，而 Mosaic 数据增强则选取了四张图像通过随机排布、随机裁剪、随机缩放的方式进行组合拼接，其增强效果如图 5.13 所示。

(a) 原图

(b) CutMix 数据增强

(c) Mosaic 数据增强

图 5.13　数据增强方式

YOLOv4 模型中使用的 CmBN(Cross mini-Batch Normalization) 是 Alexey Bochkovskiy 放弃 BN(Batch Normatization) 之后，在 CBN(Cross-Iteration Batch

Normalization)的基础上针对 YOLOv4 做出的实践性改进。BN 只对当前的信息进行归一化,而 CBN 在考虑当前时刻信息的同时还结合之前时刻的信息,从而变相扩大了批量的尺度。虽然 CBN 的作者姚竹良表示 CBN 不会占用较大的内存,对训练速度也不会有太大影响,但是实际训练时的速度还是慢了一些。CmBN 是 Alexey Bochkovskiy 针对 YOLOv4 本身批量不可能设置太小的特性而基于 CBN 做出的简化版本,CBN 只考虑了前一个小批量内部的统计量,而 CmBN 的所有计算都是在小批量内部进行,因而减少了内存消耗,提高了训练速度。

2) 基础特征提取网络

首先,YOLOv4 主干网络选择 CSPDarknet53,是 Alexey Bochkovskiy 在 Darknet53 的基础上借鉴 CSPNet 的结构发展而来,其网络结构如图 5.14 所示。CSPNet 主要从网络结构设计的角度解决了推理中计算量大的问题。WANG Chien-Yao 认为,网络优化过程中的重复梯度信息将导致预测过程的计算时间过长,因此可通过 CSP 模块将基础层的特征映射划分为两部分,然后再采用跨阶段层次结构将其合并,在减少计算量的同时保证了准确率。YOLOv4 采用的 CSPDarknet53 融合了 Darknet53 和 CSPNet 的优点,增强了卷积神经网络的学习能力,在轻量化的同时保证了准确性,并且降低了计算量和内存成本。

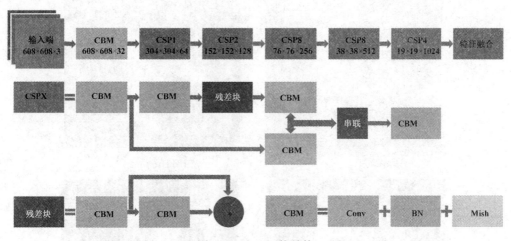

图 5.14　主干网络结构

其次,YOLOv4 采用 Mish 函数作为激活函数,虽然相较于 ReLU 及其系列函数收敛速度较慢,但保留了大多激活函数无上界有下界的特性,避免了训练速度急剧下降的梯度饱和,加快了训练过程,并且有助于实现强正则化效果,同时又具有其独特的非单调性。这种非单调性有助于保持小的负值,从而稳定网络梯度流。而最为重要的是 Mish 是光滑函数,具有较好的泛化能力和结果的有效优化能力,从而提高了结果质量。综合而言，Mish 函数虽然收敛速度较慢，但是主要对训练阶段影响大，对推理预测阶段影响较小，因此 YOLOv4 并未采用收敛速度更快的 ReLU 或其系列函数，而是采用精度更高的 Mish 函数。

最后，YOLOv4 还采用 Golnaz Ghiasi 提出的 Dropblock 方式来防止过拟合。Golnaz Ghiasi 针对传统的 Dropout 方式存在的不足，借鉴 Cutout 数据增强的方式提出了 Dropblock 方式。Dropout 方式通过随机删减的方式屏蔽部分信息来防止过拟合，但 Golnaz Ghiasi 提出了一个不一样的观点，她认为这种随机删减的方式对于卷积层来说并没有太大的作用，因为卷积层通常是卷积、激活、池化三层连用，即使采用随机删减，由于池化本身也需对周围的像素进行下采样操作，因此卷积层仍然可以从周围的像素点中学习到基本相同的信息。所以 Golnaz Ghiasi 认为 Dropout 方式并不适用于卷积层。Golnaz Ghiasi 借鉴了 Cutout 数据增强的方式对输入图像的整个局部区域进行删减操作，将 Cutout 数据增强对象从输入图像转移到特征图上，同时还调整了随机删除规则，删除比例按训练时间逐步增加，并能在训练过程中随时修改删除比例，得到各种不同的组合方式。Dropblock 方式相较于 Cutout 数据增强方式更为灵活，其正则化原理如图 5.15 所示。

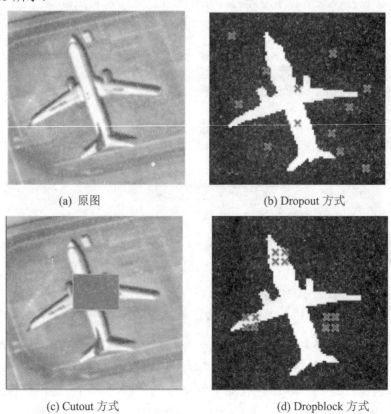

(a) 原图　　　　　　　　　　　　　(b) Dropout 方式

(c) Cutout 方式　　　　　　　　　　(d) Dropblock 方式

图 5.15　正则化原理

3) 图像特征融合网络

YOLOv4 采用 FPN+PAN 的网络结构，在 FPN 结构的后面还添加了一个包含两个 PAN 结构的、自底向上的特征金字塔。这种两两结合的结构使得 FPN 层自顶向下传达强语义特征，而特征金字塔则自底向上传达强定位特征，从不同的主干层对不同的检测层进行特征融合。FPN+PAN 原理如图 5.16 所示。

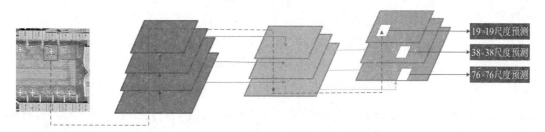

图 5.16　FPN+PAN 原理

在卷积神经网络中，池化层几乎是和卷积层等同的基础隐藏层，池化层一般在卷积层之后使用，通过池化操作来降低卷积层输出的特征向量。最常用的池化操作有平均池化和最大池化，即通过计算或选取图像区域的平均值或最大值来作为该区域的特征。这样的操作会丢失大量的图像信息，因此，通常采用两个步长的卷积层来代替池化层，而空间金字塔池化的出现解决了卷积层无法随意得到任意的特征图的问题。空间金字塔不但解决了输入图片大小不一造成的缺陷，同时因为在卷积层的后面对每一个特征图都进行了多角度的特征提取，从而提高了目标检测的精度。空间金字塔池化原理如图 5.17 所示。

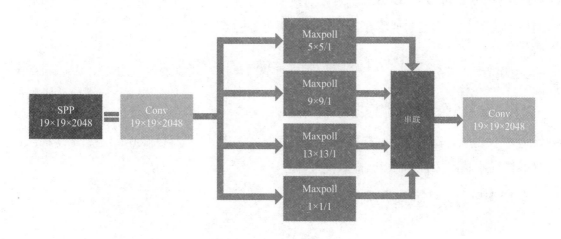

图 5.17　空间金字塔池化原理

4) 输出端

YOLOv4 损失分为类别损失、置信度损失和位置损失三个部分。其中，类别损失和置信度损失均采用二元交叉熵损失。类别损失只有在有目标的地方才会进行类别判断，计算类别损失，而置信度损失，无论有无目标均要计算置信度损失。在计算无目标的置信度损失时只选择部分负样本，因为一张图中大部分是背景，即大部分是负样本，如果所有的负样本都参与计算，会极大地放大负样本的损失，导致训练结果偏向于负样本。YOLOv4 类别中最重要的是位置损失，采用 CIoU Loss 计算位置损失。CIoU 原理如下：

$$CIoU = 1 - IoU + \frac{p^2(b, b^{gt})}{c^2} + av \tag{5-1}$$

式中：b 为先验框的中心点，b^{gt} 为目标框的中心点，通过 p 计算两个中心点间的欧氏距离，c 为同时覆盖先验框和目标框的最小矩形的对角线距离，a 为用于平衡比例的参数，v 为用于衡量先验框和目标框之间的比例一致性。a 和 v 的计算公式如下：

$$a = \frac{v}{1 - IoU + v} \tag{5-2}$$

$$v = \frac{4}{\pi^2} \left(\arctan \frac{w^{gt}}{h^{gt}} - \arctan \frac{w}{h} \right) \tag{5-3}$$

式中：w^{gt} 为目标框的宽度，h^{gt} 为目标框的高度，w 为先验框的宽度，h 为先验框的高度。

　　YOLOv4 的非极大值抑制借鉴了 DIoU Loss 和 CIoU Loss 的 DIoU_nms，将普通非极大值抑制计算 IoU 的部分替换为 DIoU，DIoU 原理如式(5-4)所示。由于非极大值抑制一般用于测试过程，但是测试阶段的数据并没有真实框信息，即没有长和宽比值这对影响因子，因此无法使用在训练阶段效果更好的 CIoU。

$$DIoU = 1 - IoU + \frac{p^2(b, b^{gt})}{c^2} \tag{5-4}$$

5.2.2　遥感图像目标检测实验

　　本小节是实验，首先进行遥感图像数据准备、遥感图像目标(飞机)检测模型训练，最后进行遥感图像目标(飞机)检测模型部署。

1. 遥感图像目标(飞机)数据准备

1) 图像来源

　　实验所用的遥感图像中的飞机数据来源于中国科学院大学模式识别与智能系统开发实验室公开的 UCAS-AOD 数据集。UCAS-AOD 数据集分为两个版本，一是 2014年收集的 600 张 1280 像素× 659 像素分辨率的遥感图像，二是 2015 年收集的 400 张

1372 像素 × 941 像素分辨率的遥感图像，其中 2014 年的部分数据如图 5.18 所示，2015 年的部分数据如图 5.19 所示。将这些数据以 7∶2∶1 的比例分为训练集、验证集和测试集，合计飞机目标 7548 个。

图 5.18　2014 年的 UCAS-AOD 数据集

图 5.19　2015 年的 UCAS-AOD 数据集

2) 标签制作

实验所用的遥感图像目标(飞机)标签使用开源软件 LableImg 手动标注。虽然数据标注只需对训练集和验证集进行标注，但是由于实验测试阶段验证结果需要计算平均精度，因此，本实验对整个数据集进行标注，生成的标注文件包含图像名称、存放位置、图像尺寸、标签类别以及候选框位置等，标注过程如图 5.20 所示。

图 5.20　遥感图像中飞机标注过程

2. 遥感图像目标(飞机)检测模型训练

1) 训练环境

JETSON 平台中所使用的算法模块为预测模型，其模型文件一般为已经训练好的现有模型，因此在训练阶段，训练得到模型文件这一步骤在 JETSON 平台上可以不做。为加快训练速度，实验采用服务器进行训练。操作系统为 CentOS，实验环境采用 Docker 容器创建 PyTorch 基础镜像安装，训练阶段使用 4 张 NVIDIA GeForce GTX 1080Ti 显卡并行训练，并采用 CUDA10.2 和 cuDNN8.0 进行硬件加速。

2) 数据准备

将所有图像及其标签文件分别放入./VOCdevkit/VOC2007/Annotations 和./VOCdevkit

/VOC2007/JPEGImages 文件夹下，同时将图片按一定比例分为训练、验证、测试三类，并将图片名称写入对应的 txt 文件后放入./VOCdevkit/VOC2007/ImageSets/Main 文件夹下，代码如下：

```
import os
import random
random.seed(0)
xmlfilepath=r'./Annotations'
saveBasePath=r"./ImageSets/Main/"
#    想要增加测试集修改 trainval_percent
#    train_percent 不需要修改
trainval_percent=1
train_percent=1
temp_xml = os.listdir(xmlfilepath)
total_xml = []
for xml in temp_xml:
    if xml.endswith(".xml"):
        total_xml.append(xml)
num=len(total_xml)
list=range(num)
tv=int(num*trainval_percent)
tr=int(tv*train_percent)
trainval= random.sample(list,tv)
train=random.sample(trainval,tr)
print("train and val size",tv)
print("traub suze",tr)
ftrainval = open(os.path.join(saveBasePath,'trainval.txt'), 'w')
ftest = open(os.path.join(saveBasePath,'test.txt'), 'w')
ftrain = open(os.path.join(saveBasePath,'train.txt'), 'w')
fval = open(os.path.join(saveBasePath,'val.txt'), 'w')
for i    in list:
    name=total_xml[i][:-4]+'\n'
```

```
        if i in trainval:
            ftrainval.write(name)
            if i in train:
                    ftrain.write(name)
            else:
                    fval.write(name)
        else:
            ftest.write(name)
ftrainval.close()
ftrain.close()
fval.close()
ftest .close()
```

图像按比例随机分配完成后，将对应图像的路径、候选框位置、类别等信息统一写入训练、验证、测试三个 txt 文件中，代码如下：

```
import xml.etree.ElementTree as ET
from os import getcwd
sets=[('2007', 'train'), ('2007', 'val'), ('2007', 'test')]
classes = ["airport"]
def convert_annotation(year, image_id, list_file):
    in_file = open('VOCdevkit/VOC%s/Annotations/%s.xml'%(year, image_id),
encoding='utf-8')
    tree=ET.parse(in_file)
    root = tree.getroot()
    for obj in root.iter('object'):
        difficult = 0
        if obj.find('difficult')!=None:
            difficult = obj.find('difficult').text
        cls = obj.find('name').text
        if cls == 'airport':
            # cls_id = classes.index(cls)
            xmlbox = obj.find('bndbox')
```

```
                b = (int(float(xmlbox.find('xmin').text)), int(float(xmlbox.find('ymin').text)),
int(float(xmlbox.find('xmax').text)), int(float(xmlbox.find('ymax').text)))
                list_file.write(" " + ",".join([str(a) for a in b]) + ',' + '0')
wd = getcwd()
for year, image_set in sets:
    image_ids = open('VOCdevkit/VOC%s/ImageSets/Main/%s.txt'%(year, image_set),
encoding='utf-8').read().strip().split()
    list_file = open('%s_%s.txt'%(year, image_set), 'w', encoding='utf-8')
    for image_id in image_ids:
        list_file.write('%s/VOCdevkit/VOC%s/JPEGImages/%s.jpg'%(wd, year, image_id))
        convert_annotation(year, image_id, list_file)
        list_file.write('\n')
    list_file.close()
```

3) 聚类获取候选框

在目标检测时，先验框一般采用人工设计，如 Faster R-CNN 和 SSD 的多个不同尺寸和长宽比的先验框均采用人工设计。但是人工设计意味着需要靠经验来判断，因此，不一定能找到一组适合数据集本身的最佳先验框。如果先验框尺寸与待检测目标尺寸之间的差异过大，就会严重影响模型的检测效果。YOLO 系列从 YOLOv2 开始，Joseph Redmon 开始尝试采用聚类算法来代替人工设计生成先验框，即通过对训练数据中标记的真实框进行聚类来自动生成一组更加适合该数据集的先验框，从而使网络检测效果更佳。实践证明，YOLO 中采用的 K-means 聚类算法能够生成更符合训练数据集的先验框。K-means 聚类算法核心代码如下：

```
import glob
import xml.etree.ElementTree as ET
import numpy as np
def cas_iou(box， cluster):
    x = np.minimum(cluster[：，0]， box[0])
    y = np.minimum(cluster[：，1]， box[1])
    intersection = x * y
    area1 = box[0] * box[1]
```

```python
        area2 = cluster[: , 0] * cluster[: , 1]
        iou = intersection / (area1 + area2 -intersection)
        return iou
    def avg_iou(box，cluster):
        return np.mean([np.max(cas_iou(box[i]，cluster)) for i in range(box.shape[0])])
    def kmeans(box，k):
        #一共取出多少框
        row = box.shape[0]
        # 每个框各个点的位置
        distance = np.empty((row，k))
        # 最后的聚类位置
        last_clu = np.zeros((row，))
        np.random.seed()
        # 随机选 5 个作为聚类中心
        cluster = box[np.random.choice(row，k，replace = False)]
        # cluster = random.sample(row，  k)
        while True：
            # 计算每一行距离五个点的 iou 情况。
            for i in range(row):
                distance[i] = 1 - cas_iou(box[i]，cluster)
            # 取出最小点
            near = np.argmin(distance，axis=1)
            if (last_clu == near).all():
                break
            # 求每一个类的中位点
            for j in range(k):
                cluster[j] = np.median(
                    box[near == j]，axis=0)
            last_clu = near
    return cluster
    def load_data(path):
        data = []
```

```
    # 对于每一个 xml 都寻找 box
    for xml_file in glob.glob('{}/*xml'.format(path)):
        tree = ET.parse(xml_file)
        height = int(tree.findtext('./size/height'))
        width = int(tree.findtext('./size/width'))
        if height<=0 or width<=0：
            continue
        # 对于每一个目标都获得其宽高
        for obj in tree.iter('object'):
            if obj.findtext('name') == 'chepai' or obj.findtext('name') == '车牌':
                xmin = int(float(obj.findtext('bndbox/xmin'))) / width
                ymin = int(float(obj.findtext('bndbox/ymin'))) / height
                xmax = int(float(obj.findtext('bndbox/xmax'))) / width
                ymax = int(float(obj.findtext('bndbox/ymax'))) / height
                xmin = np.float64(xmin)
                ymin = np.float64(ymin)
                xmax = np.float64(xmax)
                ymax = np.float64(ymax)
                # 得到宽高
                data.append([xmax-xmin，ymax-ymin])
    return np.array(data)
if __name__ == '__main__':
    # 运行该程序会计算'./VOCdevkit/VOC2007/Annotations'的 xml
    # 会生成 yolo_anchors.txt
    SIZE = 608
    anchors_num = 9
    # 载入数据集，可以使用 VOC 的 xml
    path = r'./VOCdevkit/VOC2007/Annotations'
    # 载入所有的 xml
    # 存储格式转化为比例后的 width，height
    data = load_data(path)
    # 使用 k 聚类算法
```

```
out = kmeans(data, anchors_num)

out = out[np.argsort(out[:, 0])]

print('acc: {:.2f}%'.format(avg_iou(data, out) * 100))

print(out*SIZE)

data = out*SIZE

f = open("yolo_anchors.txt", 'w')

row = np.shape(data)[0]

for i in range(row):

    if i == 0:

        x_y = "%d, %d" % (data[i][0], data[i][1])

    else:

        x_y = ", %d, %d" % (data[i][0], data[i][1])

    f.write(x_y)

f.close()
```

4) 参数设置及训练

(1) 设置 batch size、freeze epoch、unfreeze epoch 和 random 等整体调控参数。鉴于显卡限制和迁移学习的原因，在训练阶段，每个批次放入的图片数量设置为 24，冻结训练为 50 轮，不冻结训练为 500 轮，同时由于本实验中目标(飞机)的大小相差较大，可不采用多尺度训练策略来增强对不同尺寸图像的鲁棒性，因此 random 设置为 0。

(2) 设置 width、height 和 channels 等图像输入参数，即图像的缩放尺寸和通道数。由于在训练阶段采用同比例缩放加填充的方式，因此图像的宽和高均设置为 608，通道数设置为 3。

(3) 设置 angle、saturation、exposure、hue、mosaic 及 anchors 等图像预处理参数。鉴于本实验中目标(飞机)停放位置的多样性，而图像本身就包含了各个方向的目标(飞机)，因此旋转角度设置为 0。由于饱和度、曝光度以及色调变化相对较小，因此选择随机调整饱和度、曝光度和色调的方式增加样本数量，分别设置为 1.5、1.5 和 0.1。马赛克数据增强设置为 True。每次随机选取四张图片进行处理。先验框的个数和大小根据本实验提出的基于中均值混合的先验框聚类算法聚类结果进行分析，最终选择 9 组先验框，其尺寸分别为(17，30)、(24，42)、(30，54)、(36，68)、(44，78)、(51，96)、(64，117)、(80，66)、(101，143)。

(4) 设置 learning rate、gamma、weight decay、step size 等优化器相关参数。初始学习率设置为 0.0001，更新学习率的乘法因子设置为 0.95，权重衰减设置为 0.0005，参数更新轮次设置为 1，这样的设置能在一定程度上保证梯度的更新方向不出现急剧的变化，同时还能结合当前批次的整体梯度微调更新方向，因而拥有了部分摆脱局部最优的能力，并在一定程度上增加了稳定性。

(5) 设置阈值。得分阈值设置为 0.5，即只保留得分大于 0.5 的候选框；IOU 阈值设置为 0.3，即两个候选框的重叠率大于 0.3 时，使用非极大值抑制保留得分更高的候选框。

参数设置完成后，终端运行输入 Python train.py 即可进行模型训练。参数设置部分代码如下：

```
_defaults = {
    "model_image_size"    :    (608，  608，  3),
    "confidence"          :    0.5,
    "iou"                 :    0.3，}
input_shape = (608，608)
mosaic = Ture
Cosine_lr = False
Lr = 1e-4
Batch_size   = 24
Freeze_Epoch   = 50
Unfreeze_Epoch   = 500
if Cosine_lr:
    lr_scheduler   =   optim.lr_scheduler.CosineAnnealingLR(optimizer ，   T_max=5 ，
eta_min=1e-5)
    else：
    lr_scheduler = optim.lr_scheduler.StepLR(optimizer，   step_size=1，   gamma=0.92)
```

3. 遥感图像目标(飞机)检测模型部署

1) 工程代码迁移

将整个工程代码迁移至 JETSON 设备中。迁移方式有多种，最简单的方式为 U 盘直接拷贝，其次是使用 QQ 软件直接发送，最后是使用远程传输软件传输。其中远程

传输方式如图 5.21 所示。

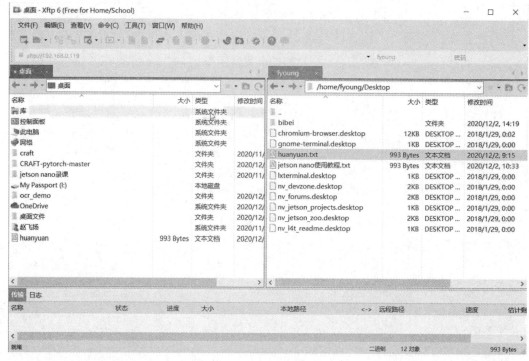

图 5.21　Xftp 远程传输界面

2)　模型预测

终端运行输入 Python predict.py 即可进行模型预测,采用预测核心如下代码得到的预测结果如图 5.22 和图 5.23 所示。

```
for jpgfile in os.listdir('./VOCdevkit/VOC2007/img_save/'):
    print(jpgfile)
    image = Image.open('./VOCdevkit/VOC2007/img_save/'+jpgfile)
    r_image,  r_image1 = yolo.detect_image(image)
    r_image.save('./VOCdevkit/VOC2007/img_save_kuang/'+jpgfile)
    r_image1.save('./VOCdevkit/VOC2007/img_save_qie/' + jpgfile)
def detect_image(self,  image):
    #  将图像转换成 RGB 图像,防止灰度图在预测时报错
    image = image.convert('RGB')
    image_shape = np.array(np.shape(image)[0: 2])
    #  给图像增加灰条,实现不失真的调整
    #  也可以直接调整进行识别
```

```python
        if self.letterbox_image:
            crop_img = np.array(letterbox_image(image , (self.model_image_size[1] ,
self.model_image_size[0])))
        else:
            crop_img = image.resize((self.model_image_size[1], self.model_image_size[0]),
Image.BICUBIC)
        photo = np.array(crop_img，dtype = np.float32) / 255.0
        photo = np.transpose(photo，(2，0，1))
        #   添加上 batch_size 维度
        images = [photo]
        with torch.no_grad():
            images = torch.from_numpy(np.asarray(images))
            if self.cuda:
                images = images.cuda()
            #   将图像输入网络中进行预测！
            outputs = self.net(images)
            output_list = []
            for i in range(3)：
                output_list.append(self.yolo_decodes[i](outputs[i]))
            #   将预测框进行堆叠，然后进行非极大抑制
            output = torch.cat(output_list， 1)
            batch_detections = non_max_suppression(output， len(self.class_names),
                                                   conf_thres=self.confidence,
                                                   nms_thres=self.iou)
            #   如果没有检测出物体，返回原图
            try:
                batch_detections = batch_detections[0].cpu().numpy()
            except:
                return image
            #   对预测框进行得分筛选
            top_index = batch_detections[：，4] * batch_detections[：，5] > self.confidence
            top_conf = batch_detections[top_index，4]*batch_detections[top_index，5]
```

```
            top_label = np.array(batch_detections[top_index，-1]，np.int32)

            top_bboxes = np.array(batch_detections[top_index，：4])

            top_xmin，top_ymin，top_xmax，top_ymax =
np.expand_dims(top_bboxes[：，0]，-1)，np.expand_dims(top_bboxes[：，1]，-1)，
np.expand_dims(top_bboxes[：，2]，-1)，np.expand_dims(top_bboxes[：，3]，-1)
            #    在图像传入网络预测前会进行 letterbox_image 给图像周围添加灰条
            #    生成的 top_bboxes 是相对于有灰条的图像的需要对其进行修改，去除
灰条的部分
            if self.letterbox_image：
                boxes = yolo_correct_boxes(top_ymin，top_xmin，top_ymax，top_xmax，
np.array([self.model_image_size[0]，self.model_image_size[1]])，image_shape)
            else：
                top_xmin = top_xmin / self.model_image_size[1] * image_shape[1]
                top_ymin = top_ymin / self.model_image_size[0] * image_shape[0]
                top_xmax = top_xmax / self.model_image_size[1] * image_shape[1]
                top_ymax = top_ymax / self.model_image_size[0] * image_shape[0]
                boxes = np.concatenate([top_ymin，top_xmin，top_ymax，top_xmax]，axis=-1)
        font    =    ImageFont.truetype(font='model_data/simhei.ttf'，    size=np.floor(3e-2    *
np.shape(image)[1] + 0.5).astype('int32'))
        thickness = max((np.shape(image)[0] + np.shape(image)[1]) // self.model_image_size[0]，1)
        for i，c in enumerate(top_label)：
            predicted_class = self.class_names[c]
            score = top_conf[i]
            top，left，bottom，right = boxes[i]
            top = top - 5
            left = left - 5
            bottom = bottom + 5
            right = right + 5
            top = max(0，np.floor(top + 0.5).astype('int32'))
            left = max(0，np.floor(left + 0.5).astype('int32'))
            bottom = min(np.shape(image)[0]，np.floor(bottom + 0.5).astype('int32'))
            right = min(np.shape(image)[1]，np.floor(right + 0.5).astype('int32'))
```

```
image1 = image.crop((left，top，right，bottom))
# 画框
label = '{} {: .2f}'.format(predicted_class，score)
draw = ImageDraw.Draw(image)
label_size = draw.textsize(label，font)
label = label.encode('utf-8')
print(label，top，left，bottom，right)
if top - label_size[1] >= 0：
    text_origin = np.array([left，top - label_size[1]])
else：
    text_origin = np.array([left，top + 1])
for i in range(thickness)：
    draw.rectangle(
        [left + i，top + i，right - i，bottom - i],
        outline=self.colors[self.class_names.index(predicted_class)])
draw.rectangle(
    [tuple(text_origin)，tuple(text_origin + label_size)],
    fill=self.colors[self.class_names.index(predicted_class)])
draw.text(text_origin，str(label，'UTF-8')，fill=(0，0，0)，font=font)
del draw
return image，image1
```

图 5.22　2014 年 UCAS-AOD 数据集部分检测结果

图 5.23　2015 年 UCAS-AOD 数据集部分检测结果

3) 评价指标

通常，目标检测效果取决于预测框的类别和位置是否准确。平均精度通过计算预测框和真实框之间的平均交并比来判断预测框是否准确预测了目标的位置信息，即以精确度和召回率作为横纵坐标，根据其围成的面积来判断预测框的类别是否准确。这种方法完美解决了预测框位置和类别的双重评价问题。平均精度是目前目标检测领域最为常用的精度评价指标之一。

平均精度的计算需提前准备两个数据，一是真实框的坐标信息，二是预测框的坐标和置信度信息。终端运行输入 Python get_gt_txt.py 即可进行真实框的坐标信息获取，其核心代码如下：

```python
def get_classes(classes_path):
    '''loads the classes'''
    with open(classes_path) as f:
        class_names = f.readlines()
    class_names = [c.strip() for c in class_names]
    return class_names
image_ids = open('VOCdevkit/VOC2007/ImageSets/Main/test.txt').read().strip().split()
```

```
if not os.path.exists("./input"):
    os.makedirs("./input")
if not os.path.exists("./input/ground-truth"):
    os.makedirs("./input/ground-truth")
for image_id in image_ids:
    with open("./input/ground-truth/"+image_id+".txt", "w") as new_f:
        root = ET.parse("VOCdevkit/VOC2007/Annotations/"+image_id+".xml").getroot()
        for obj in root.findall('object'):
            difficult_flag = False
            if obj.find('difficult')!=None:
                difficult = obj.find('difficult').text
                if int(difficult)==1:
                    difficult_flag = True
            obj_name = obj.find('name').text
            bndbox = obj.find('bndbox')
            left = bndbox.find('xmin').text
            top = bndbox.find('ymin').text
            right = bndbox.find('xmax').text
            bottom = bndbox.find('ymax').text
            if difficult_flag:
                new_f.write("%s %s %s %s %s difficult\n" % (obj_name, left, top,
right, bottom))
            else:
                new_f.write("%s %s %s %s %s\n" % (obj_name, left, top, right, bottom))
print("Conversion completed!")
```

在 Terminal 界面中输入 Python get_dr_txt.py 即可进行预测框的坐标和置信度信息获取，其核心代码如下：

```
class mAP_Yolo(YOLO):
    def detect_image(self, image_id, image):
        self.confidence = 0.01
        self.iou = 0.5
```

```
        f = open("./input/detection-results/"+image_id+".txt", "w")
        image_shape = np.array(np.shape(image)[0: 2])
        if self.letterbox_image:
            crop_img = np.array(letterbox_image(image, (self.model_image_size[1],
self.model_image_size[0])))
        else:
            crop_img = image.convert('RGB')
            crop_img = crop_img.resize((self.model_image_size[1],
self.model_image_size[0]), Image.BICUBIC)
        photo = np.array(crop_img, dtype = np.float32) / 255.0
        photo = np.transpose(photo, (2, 0, 1))
        images = [photo]
        with torch.no_grad():
            images = torch.from_numpy(np.asarray(images))
            if self.cuda:
                images = images.cuda()
            outputs = self.net(images)
            output_list = []
            for i in range(3):
                output_list.append(self.yolo_decodes[i](outputs[i]))
            output = torch.cat(output_list, 1)
            batch_detections = non_max_suppression(output, len(self.class_names),
                                            conf_thres=self.confidence,
                                            nms_thres=self.iou)
            try:
                batch_detections = batch_detections[0].cpu().numpy()
            except:
                return
            top_index = batch_detections[: , 4] * batch_detections[: , 5] > self.confidence
            top_conf = batch_detections[top_index, 4]*batch_detections[top_index, 5]
            top_label = np.array(batch_detections[top_index, -1], np.int32)
            top_bboxes = np.array(batch_detections[top_index, : 4])
```

```
                top_xmin，top_ymin，top_xmax，top_ymax =
np.expand_dims(top_bboxes[：，0]，-1)，np.expand_dims(top_bboxes[：，1]，-1)，
np.expand_dims(top_bboxes[：，2]，-1)，np.expand_dims(top_bboxes[：，3]，-1)
                if self.letterbox_image：
                    boxes = yolo_correct_boxes(top_ymin，top_xmin，top_ymax，
top_xmax，np.array([self.model_image_size[0]，self.model_image_size[1]])，image_shape)
                else：
                    top_xmin = top_xmin / self.model_image_size[1] * image_shape[1]
                    top_ymin = top_ymin / self.model_image_size[0] * image_shape[0]
                    top_xmax = top_xmax / self.model_image_size[1] * image_shape[1]
                    top_ymax = top_ymax / self.model_image_size[0] * image_shape[0]
                    boxes = np.concatenate([top_ymin，top_xmin，top_ymax，top_xmax]，
axis=-1)
            for i，c in enumerate(top_label)：
                predicted_class = self.class_names[c]
                score = str(top_conf[i])
                top，left，bottom，right = boxes[i]
                f.write("%s %s %s %s %s %s\n" % (predicted_class，score[：6]，
str(int(left))，str(int(top))，str(int(right))，str(int(bottom))))
            f.close()
            return
    yolo = mAP_Yolo()
    image_ids = open('VOCdevkit/VOC2007/ImageSets/Main/test.txt').read().strip().split()
    if not os.path.exists("./input")：
        os.makedirs("./input")
    if not os.path.exists("./input/detection-results")：
        os.makedirs("./input/detection-results")
    if not os.path.exists("./input/images-optional")：
        os.makedirs("./input/images-optional")
    for image_id in tqdm(image_ids)：
        image_path = "./VOCdevkit/VOC2007/JPEGImages/"+image_id+".jpg"
        image = Image.open(image_path)
```

```
    yolo.detect_image(image_id，image)
print("Conversion completed!")
```

在得到真实框的坐标信息和预测框的坐标及置信度信息后，在 Terminal 界面中输入 Python get_map.py 即可进行平均精度的计算，其核心代码如下：

```
with open(results_files_path + "/results.txt", 'w') as results_file：
    results_file.write("# AP and precision/recall per class\n")
    count_true_positives = {}
    for class_index，class_name in enumerate(gt_classes)：
        count_true_positives[class_name] = 0
        dr_file = TEMP_FILES_PATH + "/" + class_name + "_dr.json"
        dr_data = json.load(open(dr_file))
        nd = len(dr_data)
        tp = [0] * nd
        fp = [0] * nd
        score = [0] * nd
        score05_idx = 0
        for idx，detection in enumerate(dr_data)：
            file_id = detection["file_id"]
            score[idx]    = float(detection["confidence"])
            if score[idx] > 0.5：
                score05_idx = idx
            if show_animation：
                ground_truth_img = glob.glob1(IMG_PATH，file_id + ".*")
                if len(ground_truth_img) == 0：
                    error("Error. Image not found with id：" + file_id)
                elif len(ground_truth_img) > 1：
                    error("Error. Multiple image with id：" + file_id)
                else：
                    img = cv2.imread(IMG_PATH + "/" + ground_truth_img[0])
                    img_cumulative_path = results_files_path + "/images/" +
ground_truth_img[0]
```

```
            if os.path.isfile(img_cumulative_path):
                img_cumulative = cv2.imread(img_cumulative_path)
            else:
                img_cumulative = img.copy()
            bottom_border = 60
            BLACK = [0，  0，  0]
            img = cv2.copyMakeBorder(img，  0，  bottom_border，  0，  0，
cv2.BORDER_CONSTANT，  value=BLACK)
        gt_file = TEMP_FILES_PATH + "/" + file_id + "_ground_truth.json"
        ground_truth_data = json.load(open(gt_file))
        ovmax = -1
        gt_match = -1
        bb = [ float(x) for x in detection["bbox"].split() ]
        for obj in ground_truth_data:
            if obj["class_name"] == class_name:
                bbgt = [ float(x) for x in obj["bbox"].split() ]
                bi = [max(bb[0]，  bbgt[0])，  max(bb[1]，bbgt[1])，  min(bb[2]，
bbgt[2])，  min(bb[3]，bbgt[3])]
                iw = bi[2] - bi[0] + 1
                ih = bi[3] - bi[1] + 1
                if iw > 0 and ih > 0:
                    # compute overlap (IoU) = area of intersection / area of union
                    ua = (bb[2] - bb[0] + 1) * (bb[3] - bb[1] + 1) + (bbgt[2] - bbgt[0]
                                + 1) * (bbgt[3] - bbgt[1] + 1) - iw * ih
                    ov = iw * ih / ua
                    if ov > ovmax:
                        ovmax = ov
                        gt_match = obj
        if show_animation:
            status = "NO MATCH FOUND!"
        min_overlap = MINOVERLAP
        if specific_iou_flagged:
```

```
            if class_name in specific_iou_classes:
                index = specific_iou_classes.index(class_name)
                min_overlap = float(iou_list[index])
        if ovmax >= min_overlap:
            if "difficult" not in gt_match:
                if not bool(gt_match["used"]):
                    tp[idx] = 1
                    gt_match["used"] = True
                    count_true_positives[class_name] += 1
                    with open(gt_file，  'w') as f:
                            f.write(json.dumps(ground_truth_data))
                    if show_animation:
                        status = "MATCH!"
                else:
                    fp[idx] = 1
                    if show_animation:
                        status = "REPEATED MATCH!"
        else:
            fp[idx] = 1
            if ovmax > 0:
                status = "INSUFFICIENT OVERLAP"
        if show_animation:
            height，  widht = img.shape[：2]
            # colors (OpenCV works with BGR)
            white = (255，255，255)
            light_blue = (255，200，100)
            green = (0，255，0)
            light_red = (30，30，255)
            # 1st line
            margin = 10
            v_pos = int(height - margin - (bottom_border / 2.0))
            text = "Image：  " + ground_truth_img[0] + " "
```

```
                img，  line_width = draw_text_in_image(img，  text，  (margin，
v_pos)，  white，  0)
                text = "Class [" + str(class_index) + "/" + str(n_classes) + "]：   " +
class_name + " "
                img，  line_width = draw_text_in_image(img，  text，  (margin +
line_width，  v_pos)，  light_blue，  line_width)
                if ovmax != -1：
                    color = light_red
                    if status == "INSUFFICIENT OVERLAP"：
                        text = "IoU：  {0：.2f}% ".format(ovmax*100) + "< {0：.2f}%
".format(min_overlap*100)
                    else：
                        text = "IoU：  {0：.2f}% ".format(ovmax*100) + ">= {0：.2f}%
".format(min_overlap*100)
                        color = green
                    img，  _ = draw_text_in_image(img，  text，  (margin + line_width，
v_pos)，  color，  line_width)
                # 2nd line
                v_pos += int(bottom_border / 2.0)
                rank_pos = str(idx+1) # rank position (idx starts at 0)
                text = "Detection #rank：  " + rank_pos + " confidence：  {0：.2f}%
".format(float(detection["confidence"])*100)
                img，  line_width = draw_text_in_image(img，  text，  (margin，
v_pos)，  white，  0)
                color = light_red
                if status == "MATCH!"：
                    color = green
                text = "Result：  " + status + " "
                img，  line_width = draw_text_in_image(img，  text，  (margin +
line_width，  v_pos)，  color，  line_width)
                font = cv2.FONT_HERSHEY_SIMPLEX
                if ovmax > 0：  # if there is intersections between the bounding-boxes
```

```
                        bbgt = [ int(round(float(x))) for x in gt_match["bbox"].split() ]
                            cv2.rectangle(img ， (bbgt[0] ， bbgt[1]) ， (bbgt[2] ， bbgt[3]) ，
light_blue， 2)
    cv2.rectangle(img_cumulative， (bbgt[0]， bbgt[1])， (bbgt[2]， bbgt[3])， light_blue， 2)
cv2.putText(img_cumulative， class_name， (bbgt[0]， bbgt[1] - 5)， font， 0.6， light_blue， 1，
cv2.LINE_AA)
                        bb = [int(i) for i in bb]
                        cv2.rectangle(img， (bb[0]， bb[1])， (bb[2]， bb[3])， color， 2)
                        cv2.rectangle(img_cumulative， (bb[0]， bb[1])， (bb[2]， bb[3])， color， 2)
                        cv2.putText(img_cumulative， class_name， (bb[0]， bb[1] - 5)， font，
0.6， color， 1， cv2.LINE_AA)
                        # show image
                        cv2.imshow("Animation"， img)
                        cv2.waitKey(20) # show for 20 ms
                        # save image to results
                        output_img_path = results_files_path + "/images/detections_one_by_one/" +
class_name + "_detection" + str(idx) + ".jpg"
                        cv2.imwrite(output_img_path， img)
                        # save the image with all the objects drawn to it
                        cv2.imwrite(img_cumulative_path， img_cumulative)
    cumsum = 0
    for idx， val in enumerate(fp)：
        fp[idx] += cumsum
        cumsum += val
    cumsum = 0
    for idx， val in enumerate(tp)：
        tp[idx] += cumsum
        cumsum += val
    rec = tp[：]
    for idx， val in enumerate(tp)：
        rec[idx] = float(tp[idx]) / np.maximum(gt_counter_per_class[class_name]， 1)
    prec = tp[：]
```

```
for idx，　val in enumerate(tp)：
    prec[idx] = float(tp[idx]) / np.maximum((fp[idx] + tp[idx])，  1)
ap，　mrec，　mprec = voc_ap(rec[：]，　prec[：])
F1  =  np.array(rec)*np.array(prec)*2  /  np.where((np.array(prec)+np.array(rec))==0 ，  1 ，
(np.array(prec)+np.array(rec)))
sum_AP += ap
mAP = sum_AP / n_classes
```

参 考 文 献

[1]　李丹丹，姜宇. 基于 NVIDIA JETSON 平台的人工智能实例开发入门[M]. 哈尔滨：哈尔滨工业大学出版社，2019.

[2]　施巍松，孙辉，曹杰，等. 边缘计算：万物互联时代新型计算模型[J]. 计算机研究与发展，2017，54(5)：907-924.

[3]　安星硕，曹桂兴，苗莉，等. 智慧边缘计算安全综述[J]. 电信科学，2018，34(7)：141-153.

[4]　谢人超，黄韬，杨帆，等. 边缘计算原理与实践[M]. 北京：人民邮电出版社，2019.

[5]　林福宏. 边缘计算/雾计算研究与应用[M]. 成都：西南交通大学出版社，2018.

[6]　英特尔亚太研发有限公司. 边缘计算技术与应用[M]. 北京：电子工业出版社，2021.

[7]　张骏. 边缘计算方法与工程实践[M]. 北京：电子工业出版社，2019.

[8]　过敏意. 云计算原理与实践[M]. 北京：机械工业出版社，2017.

[9]　俞一帆. 5G 移动边缘计算[M]. 北京：人民邮电出版社，2017.

[10]　卜向红，杨爱喜，古家军. 边缘计算 5G 时代的商业变革与重构[M]. 北京：人民邮电出版社，2019.

[11]　梅宏，金海. 云计算[M]. 北京：中国科学技术出版社，2019.

[12]　D.P.阿奇利亚，萨特旦安达•德忽尔，叙格塔•桑亚尔. 大数据与智能计算[M]. 常雷雷，汪刘应，周宇，译. 北京：国防工业出版社，2017.

[13]　齐健. NVIDIA JETSON TX2 平台：加速发展小型化人工智能终端[J]. 智能制造，2017(5)：20-21.

[14]　VIJITKUNSAWAT W，CHANTNGARM P. Comparison of Machine Learning Algorithm's on Self-Driving Car Navigation Using NVIDIA JETSON Nano[C]// The 17th International Conference on Electrical Engineering/Electronics，Computer，Telecommunications and Information Technology (ECTI-CON)，2020.

[15]　PRASHANT K，NARASIMHA S，PRAMOD K，et al. Real-Time，YOLO-Based Intelligent Surveillance and Monitoring System Using JETSON TX2[M]. Berlin：Springer，2021.

[16]　MADRIN F P，ROSENBERGER M，NESTLER R，et al. The Evaluation of CUDA

Performance on the JETSON Nano Board for an Image Binarization Task[C]// Real-Time Image Processing and Deep Learning 2021, 2021.

[17] CHUN S H, CHOI J H, Kim Y J, et al. Smart Door Implementation Using JETSON Nano-Based OpenCV and Deep Learning[J]. The Journal of Korean Institute of Communications and Information Sciences, 2021, 46(2): 380-387.

[18] KUMIAWAN A. IoT Projects with NVIDIA JETSON Nano: AI-Enabled Internet of Things Projects for Beginners[M]. Berlin: Springer, 2021.

[19] KUMIAWAN A. NVIDIA JETSON Nano Programming[M]. Berlin: Springer, 2021.

[20] 王永庆. 人工智能原理与方法[M]. 西安: 西安交通大学出版社, 1998.

[21] 陈骥. 人工智能在计算机技术中的应用[J]. 科技传播, 2019, 11(2): 111-112.

[22] 苏赋, 吕沁, 罗仁泽. 基于深度学习的图像分类研究综述[J]. 电信科学, 2019, 35(11): 58-74.

[23] 刘卫凯, 郝雅倩, 郑晗, 等. 人脸识别综述[J]. 信息记录材料, 2018(7): 13-14.

[24] 白梦璇, 李帅阳, 齐立萍. 基于深度学习的目标检测综述[J]. 科技视界, 2020, 303(9): 159-160.

[25] KRIZHEVSKY A, SUTSKEVER I, HINTON G. Image Net Classification with Deep Convolutional Neural Networks[J]. Advances in Neural Information Processing Systems, 2012, 25(2): 1097-1105.

[26] SZEGEDY C, LIU W, JIA Y, et al. Going Deeper with Convolutions[C]//IEEE Conference on Computer Vision and Pattern Recognition, 2015: 1-9.

[27] HE K, ZHANG X, REN S, et al. Deep Residual Learning for Image Recognition[C]//IEEE Conference on Computer Vision and Pattern Recognition, 2015: 770-778.

[28] GIRSHICK R, DONAHUE T, DARRELLAND J, et al. Rich Feature Hierarchies for Accurate Object Detection and Semantic Segmentation[C]// IEEE Conference on Computer Vision and Pattern Recognition, 2014: 580-587

[29] HE K, ZHANG X, REN S, et al. Spatial Pyramid Pooling in Deep Convolutional Networks for Visual Recognition[C]// IEEE Transactions on Pattern Analysis & Machine Intelligence, 2014, 37(9): 1904-1916.

[30] GIRSHICK R. Fast R-CNN[C]//IEEE International Conference on Computer Vision, 2015, 13(7): 1440-1448.

[31] REN S, GIRSHICK R, GIRSHICK R, et al. Faster R-CNN: Towards Real-Time

Object Detection with Region Proposal Networks[C]//IEEE Transactions on Pattern Analysis & Machine Intelligence, 2017, 39(6): 1137-1149.

[32]　REDMON J, DIVVALA S, GIRSHICK R, et al. You Only Look Once: Unified, Real-Time Object Detection[C]//IEEE Conference on Computer Vision and Pattern Recognition, 2015, 30(27): 779-788.

[33]　REDMON J, FARHADI A. YOLO9000: Better, Faster, Stronger[C]//IEEE Conference on Computer Vision & Pattern Recognition, 2017, 26(21): 6517-6525.

[34]　LIU W, ANGUELOV D, ERHAN D, et al. SSD: Single Shot MultiBox Detector[J]. European Conference on Computer Vision, 2015, 29(8): 21-37.

[35]　LIN T Y, GOYAL P, GIRSHICK R, et al. Focal Loss for Dense Object Detection[J]. IEEE Transactions on Pattern Analysis & Machine Intelligence, 2017, 42(2): 2999-3007.

[36]　TSUNG-YI L, PRIYAL G, ROSS G, et al. Focal Loss for Dense Object Detection[J].IEEE Transactions on Pattern Analysis and Machine Intelligence, 2018, 42(42): 318-327.

[37]　SHRIVASTAVA A，GUPTA A，GIRSHICK R , et al. Training Region-based Object Detectors with Online Hard Example Mining[C]// IEEE Conference on Computer Vision and Pattern Recognition, 2016: 761-769.

[38]　LIU S, HUANG D, WANG Y. Receptive Field Block Net for Accurate and Fast Object Detection[C]// European Conference on Computer Vision, 2018: 404-419.

[39]　CHEN L C, PAPANDREOU G, KOKKINOS I, et al. DeepLab: Semantic Image Segmentation with Deep Convolutional Nets, Atrous Convolution, and Fully Connected CRFs[J]. IEEE Transactions on Pattern Analysis and Machine Intelligence, 2018, 40(4): 834-848.

[40]　HU J, SHEN L, SUN G, et al. Squeeze-and-Excitation Networks[J]. IEEE Transactions on Pattern Analysis and Machine Intelligence, 2017, 42(42): 2011-2023.

[41]　WOO S, PARK J, LEE JY, et al. CBAM: Convolutional Block Attention Module[C]// European Conference on Computer Vision, 2018: 3-19.

[42]　LIN T Y, DOLLÁR P, GIRSHICK R, et al. Feature Pyramid Networks for Object Detection[C]//IEEE Conference on Computer Vision and Pattern Recognition, 2016: 936-944.

[43]　LIU S, QI L, QIN H, et al. Path Aggregation Network for Instance

Segmentation[C]//IEEE/CVF Conference on Computer Vision and Pattern Recognition, 2018: 8759-8768.

[44]   YUN S, HAN D, OH S J, et al. CutMix: Regularization Strategy to Train Strong Classifiers with Localizable Features[C]//IEEE/CVF International Conference on Computer Vision, 2019: 6022-6031.

XDUP 673600

封面设计：倚天

*E*dge Computing Principle
and Development of JETSON Platform

边缘计算原理与
JETSON平台开发

ISBN 978-7-5606-6434-7

9 787560 664347 >

定价：29.00元